U0237566

钱江源·国家公园丛书

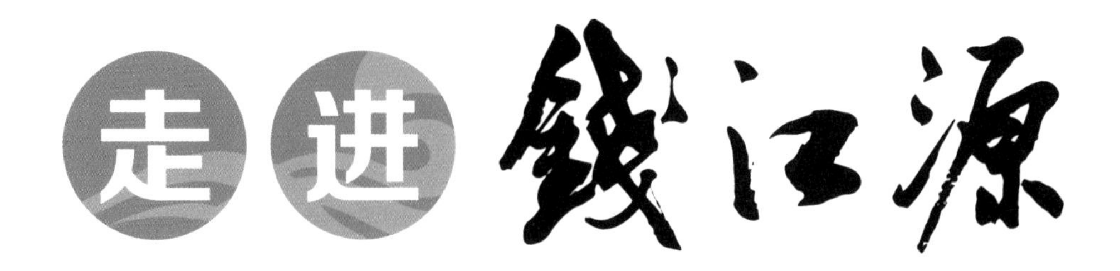

—— 基于国家公园的钱江源核心价值考察

汪长林◎主编

图书在版编目（CIP）数据

走进钱江源 ： 基于国家公园的钱江源核心价值考察 /
汪长林主编. -- 北京 ： 中国林业出版社， 2022.5
（钱江源·国家公园丛书）
ISBN 978-7-5219-1651-5

Ⅰ. ①走… Ⅱ. ①汪… Ⅲ. ①国家公园－介绍－开化
县 Ⅳ. ①S759.992.554

中国版本图书馆 CIP 数据核字（2022）第 068516 号

审图号：GS 京（2022）0032 号

中国林业出版社·自然保护分社（国家公园分社）
责任编辑　肖　静　刘　煜
地图绘制　胡海燕　常少轩

出　　版　中国林业出版社（100009 北京市西城区刘海胡同 7 号）
　　　　　http://www.forestry.gov.cn/lycb.html
发　　行　中国林业出版社
制　　版　杭州玄鸟文化传播机构
印　　刷　杭州现代彩色印刷有限公司
版　　次　2022 年 5 月第 1 版
印　　次　2022 年 5 月第 1 次印刷
开　　本　787mm×1092mm　1/16
印　　张　11.5
字　　数　205 千字
定　　价　68.00 元

·地球上最美的一片叶子·

钱江源国家公园保存着典型的亚热带原生常绿阔叶林。图标以一片树叶为创意基础，巧妙地将常绿阔叶林、钱塘江源头、开化地形图等特色元素融于一体，勾勒出一个五彩缤纷的世界，展示了钱江源国家公园“绿水相伴、青山环抱”的一派生机与活力。

叶子主体由五大色块构成，象征着钱江源国家公园的蓝色天空、绿水青山、金色田野和红色圣地；叶脉则象征开化密布的水网，清澈蜿蜒的流水自然构成一个开化的“开”字；叶柄则表达钱塘江的一江清水自源头而下，体现了开化推进钱江源国家公园建设、守住青山绿水的自觉与担当。

监测发现，钱江源国家公园保存了大面积低海拔的地带性常绿阔叶林，以及大面积黑麂适宜栖息地，表明钱江源国家公园生态系统的原真性和完整性。

——摘自中国科学院《地球大数据支撑可持续发展目标报告》

钱江源国家公园的森林生态系统是中国最有特色的生态系统类型之一，是亚热带常绿阔叶林地带性植被典型的代表。

亚热带之窗

——钱江源国家公园之歌

1=F $\frac{4}{4}$

每分钟74拍　真切地

汪长林 词

寒　桑 曲

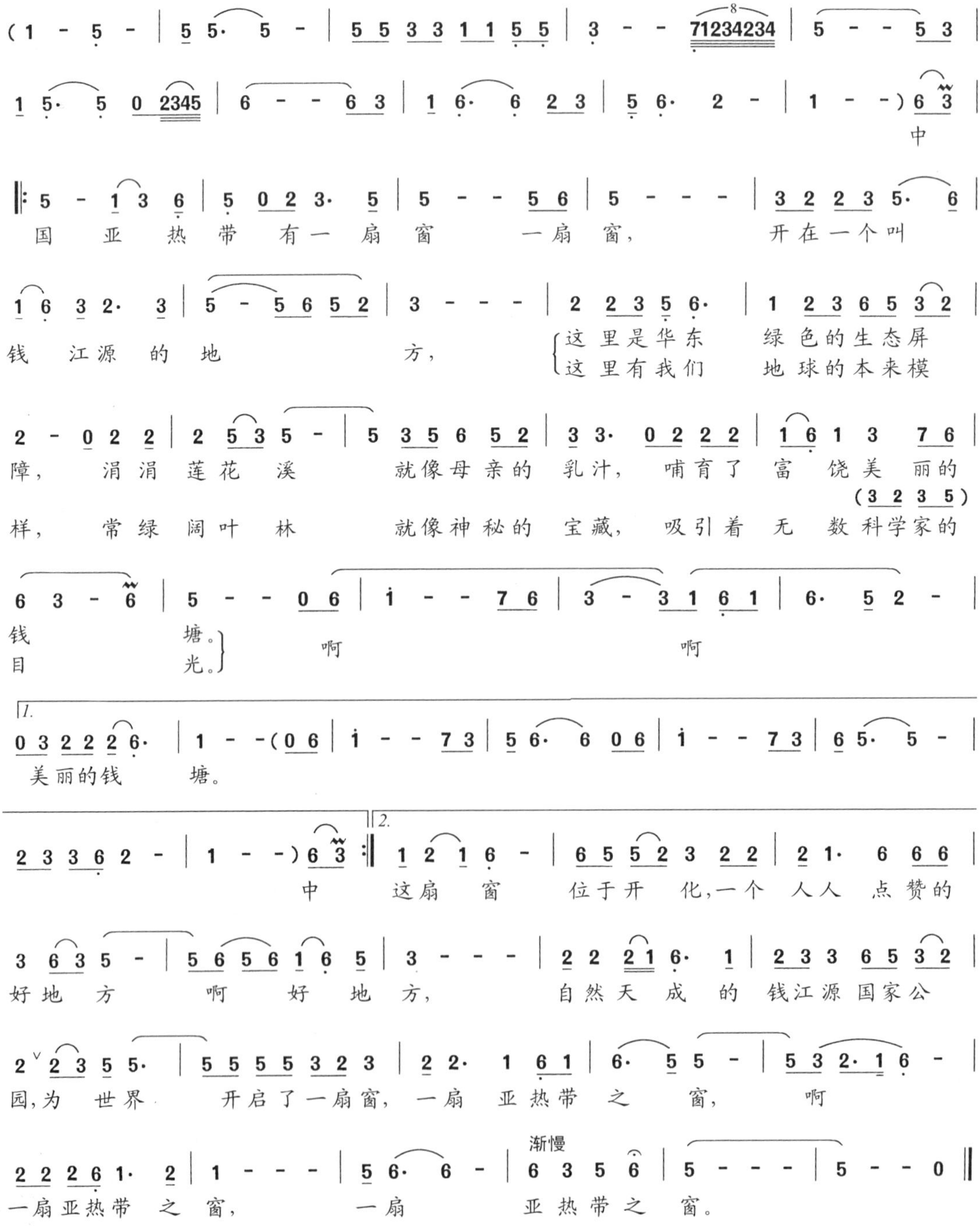

(1 - 5 - | 5 5· 5 - | 5 5 3 3 1 1 5 5 | 3 - - 71234234 | 5 - - 5 3 |

1 5· 5 0 2345 | 6 - - 6 3 | 1 6· 6 2 3 | 5 6· 2 - | 1 - -) 6 3 |

中

|: 5 - 1 3 6 | 5 0 2 3· 5 | 5 - - 5 6 | 5 - - - | 3 2 2 3 5· 6 |

国 亚 热 带 有一 扇 窗 一扇 窗， 开在一个叫

1 6 3 2· 3 | 5 - 5 6 5 2 | 3 - - - | 2 2 3 5 6· | 1 2 3 6 5 3 2 |

钱 江源 的 地 方， 这里是华东 绿色的生态屏

这里有我们 地球的本来模

2 - 0 2 2 | 2 5 3 5 - | 5 3 5 6 5 2 | 3 3· 0 2 2 2 | 1 6 1 3 7 6 |

障， 涓涓 莲花 溪 就像母亲的 乳汁， 哺育了 富 饶美 丽的

(3 2 3 5)

样， 常绿 阔叶 林 就像神秘的 宝藏， 吸引着 无 数科学家的

6 3 - 6 | 5 - - 0 6 | 1 - - 7 6 | 3 - 3 1 6 1 | 6· 5 2 - |

钱 塘。

目 光。

啊 啊

1.

0 3 2 2 2 6· | 1 - - (0 6 | 1 - - 7 3 | 5 6· 6 0 6 | 1 - - 7 3 | 6 5· 5 - |

美丽的钱 塘。

2 3 3 6 2 - | 1 - -) 6 3 :|

中

2.

1 2 1 6 - | 6 5 5 2 3 2 2 | 2 1· 6 6 6 |

这扇 窗 位于开 化，一个 人人 点赞的

3 6 3 5 - | 5 6 5 6 1 6 5 | 3 - - - | 2 2 2 1 6· 1 | 2 3 3 6 5 3 2 |

好地 方 啊 好 地 方， 自然天 成 的 钱江源 国家公

2 ˇ 2 3 5 5· | 5 5 5 5 3 2 3 | 2 2· 1 6 1 | 6· 5 5 - | 5 3 2· 1 6 - |

园，为 世界 开启了一扇窗，一扇 亚热带 之 窗， 啊

渐慢

2 2 2 6 1· 2 | 1 - - - | 5 6· 6 - | 6 3 5 6 | 5 - - - | 5 - - 0 ||

一扇亚热带 之 窗， 一扇 亚热带之 窗。

我们本来的模样

任海保
（中国科学院植物研究所钱江源森林生物多样性野外科学观测研究站常务副站长、副研究员）

地球赤道的两旁
神奇的亚热带上
大漠、戈壁、苍凉

只在那巍巍中华大地上
太平洋、印度洋的风哟
孕育了常绿阔叶林海莽莽

一条长长的钱塘江，蜿蜒在那林海中央
追寻到钱塘江的源头哟
沧海桑田之后，这里依然是原初的模样

走近她，推开一扇窗
繁华世界，静谧下
触摸我们本来的模样

饱满的生命，在这里
万类竞放，却从容安详
千万年共生、共享

钱江源，我们本来的模样
叩动了世界的心房
无数人来这里探秘、感悟、回望、启航

钱江源的绿

——《行走的风景》之国家公园系列

耿国彪
（绿色中国杂志社常务副总编辑）

钱江源的绿是一位待字闺中的少女，清幽而明朗。她挽起的发髻是浓墨重彩的树林，她纤细的身姿是阡陌纵横的田野，她情窦初开的一行清泪是婉转回肠的条条溪流。

钱江源的风是绿色的。她把所有的时光吹成了春天，让绿成为一支最美的画笔。这支如椽之笔把最美的山水定格在一幅画卷里，奉献世人。在她的吹拂下，这幅青绿山水因晨昏的游移而变化，因阳光的明暗而梦幻，仿佛天地间最耐看的风景。

钱江源的水是绿色的。她将山野之绿沉淀在透明的身躯里，让这绿散发出灵魂的芳香，这来自苍穹的绿饱蘸岁月之墨，由山巅蜿蜒而下，让未来的日子和遥远的远方充满了鸟鸣。

钱江源的树是绿色的。她是绿中之绿，是翡翠园中的祖母绿，把南海之艳丽北国之苍茫融合在一起。这种绿让人沉静，让俗世的脂粉和交错的觥筹在月光中融化，让疲惫的奔波和灵魂的呼唤找到了家。

钱江源的山是绿色的。一座座隆起的脊背像大地的外衣，包裹起远古的忧伤和现实的烦恼。而当下，只留下这绿，这生命之绿。

这融合天地的绿，让我们不由自主地闭上眼睛，打开身体的所有毛孔，尽情享受这心灵的放逐和自由。

钱江源的绿是绿的，是千百个绿集合在一起的绿，是一种可以清洗身心污浊的绿，一种可以忘我的绿。

钱江源的绿是需要慢慢品尝的！

（2020.8.21）

编者序

2018年8月，《钱江源国家公园》一书正式出版发行。该书从自然、科学、人文三个维度，对钱江源国家公园的国家代表性、生态重要性及管理可行性进行了初步分析和梳理，对扩大钱江源国家公园的知名度和影响力，争取社会各界对钱江源国家公园体制试点工作的支持和帮助，产生了重大而深远的影响。

随着钱江源国家公园体制试点工作的扎实推进，特别是随着科研监测工作的深入开展，一大批科研成果相继问世。其中，由中国科学院傅伯杰院士领衔开展的“钱江源国家公园生态系统评估与可持续管理研究”、中国科学院魏辅文院士主持开展的“钱江源国家公园黑麂科学研究与保护研究”、中国科学院植物研究所马克平研究员牵头开展的“钱江源国家公园体制试点生物多样性保护与管理对策研究”、浙江大学丁平和于明坚教授牵头开展的“钱江源国家公园科学考察”等项目陆续结题；省、市、县各级党委政府、省林业局等相关部门和钱江源国家公园管理局实施了一系列改革举措，开化县委、县政府提出和深化了“建设社会主义现代化国家公园城市”战略目标等。所有这些都极大地丰富和提升了钱江源国家公园的国家代表性、生态重要性和管理可行性，对原书进行改版已水到渠成、势在必行。

改版后的《走进钱江源——基于国家公园的钱江源核心价值考察》一书共分为五个章节，其中第一章主要介绍钱江源的地理和文化价值，第二、三章主要介绍钱江源的自然资源和科学研究价值，第四章主要介绍钱江源的生态系统服务价值，第五章主要介绍钱江源的人文价值，核心是反映钱江源的国家代表性和生态重要性。至于钱江源的管理可行性，或者说她的改革创新举措以及她的示范推广价值，我们在《潮起钱江源——中国建立国家公园体制的钱江源探索（2017—2020年）》一书中进行了详细介绍。《视界钱江源——国家公园视角下的钱江源摄影作品选萃》则通过一幅幅生动的画面，直观展现了钱江源的生物多样性之美。三本书共同组成《钱江源·国家公园丛书》。

当然，钱江源的价值研究是一个不断深化的过程，比如，对于森林冠层的研究，目前还处于起步阶段；对于人文价值的研究，目前也是刚刚起步；还有大量的在研项目，也需要时间的积累才能不断产出成果，未来我们还将联合开展更多的课题研究，钱江源的核心价值必将随着各项研究工作的深入推进而进一步得到呈现。

由于编者水平有限，书中难免会有不妥或疏漏之处，敬请批评指正！

钱江源国家公园管理局党组成员、常务副局长

开化县政府党组成员

二〇二一年十二月于钱江源

目　录

引言

亚热带之窗

中国是全球亚热带常绿阔叶林的主要分布区，是亚热带常绿阔叶林分布范围最广、面积最大、空间最连续、类型最复杂的国家（中国植被编辑委员会，1980 年）。其中，以中亚热带东部地区的常绿阔叶林最典型，其原生性群落具有明显的纬度地带性特征。中国亚热带常绿阔叶林，在历史上曾经历过频繁、大规模的人为干扰，绝大部分原生性植被，特别是低海拔地区的原生性地带性植被多已消失殆尽（宋永昌，2000）。

钱江源国家公园地处中国东部典型中亚热带常绿阔叶林区，该区域社会、经济发展迅速，人类活动强度大、范围广，生态环境遭到严重干扰和破坏。但是，钱江源国家公园还保存着大面积、集中分布、呈原始状态的中亚热带低海拔常绿阔叶林地带性植被，是我国经济、社会发展最快区域之一“长三角地区”唯一一个国家公园。

钱江源国家公园植被垂直带谱明显，从低海拔到高海拔涵盖了常绿阔叶林、山地和沟谷常绿落叶阔叶混交林、温性针阔叶混交林、温性针叶林。中亚热带常绿阔叶林是国家公园植被的主体， 广泛分布于海拔 800m 以下的低海拔地区，属典型的中亚热带纬度地带性植被。国家公园现存的原生性中亚热带低海拔常绿阔叶林面积大、分布集中，具有典型中亚热带常绿阔叶林区系、结构和类型特征，实属全球罕见，具有重要的保护价值，吸引了全球科学家的目光，成为了世界亚热带常绿阔叶林的窗口。

——摘自《钱江源国家公园体制试点区生物多样性保护与管理对策研究》

中国科学院植物研究所， 2019 年 6 月

北纬 30 度的奇迹

在地球上，有这样一条纬线，它孕育了世界四大文明古国——古印度、古代中国、古埃及和古巴比伦，有世界海拔最高的山峰——珠穆朗玛峰和世界海拔最低的海——死海，有令后人震惊的玛雅文明和世界八大奇迹，甚至还有众多科学家们至今都难以破解的多个自然之谜和文化遗迹。它就是被称为“地球神奇之谜”的北纬 30° 。

从地球南北走向的剖面图来看，北纬 30° 横贯地球的中上部。因受副热带高气压带控制，呈现终年高温少雨的特点，因而此片区域多为荒漠。然而这条纬度带穿越中国时，黄沙褪去，绿意渐浓，亚热带常绿阔叶林密布，就像沙漠中的绿洲。

那么，为何会形成如此巨大的荒漠带呢？这还要从地球上的一个高压带——副热带高气压带说起。

地球从赤道分为南北半球，赤道常年受阳光均匀照射，气压低，气温高。气流受高温膨胀从赤道上升到高空，向极地高压流动。气压随着高度的升高而降低，在距地面 4~8 千米处大量聚集，向南北方向做扩散运动。同时因受到重力影响，在地转偏向力（北半球垂直气流方向向右）的影响下，在北纬30° 附近沉到近地面，最终，气流方向与纬线平行，阻碍了气流运动，导致空气发生聚集并下沉，形成了副热带高气压带。

由于副热带高气压带控制地区纬度较低，且空气下沉导致降雨稀少，所以副热带高气压带流经的地区多为干旱荒漠或沙漠地区，如北非、阿拉伯半岛等。

按照副热带高气压带的分布情况，中国秦岭淮河以南、雷州半岛以北、日本南部、朝鲜半岛南部等地，都应是如北非、阿拉伯半岛一样的荒漠，缘何在这漫长的荒漠带上，只有中国有这么一片绿洲？

这便要从东亚季风气候说起。

我国地形总体呈现西高东低的状态，海拔从第一阶梯向第三阶梯依次递减。中国东南地区便位于第三级阶梯上，多为平原和丘陵山区，地势低、海拔低，河流众多，水源丰富。

受海陆气温差异影响，夏季陆地温度较高形成低压，太平洋为副热带高压，

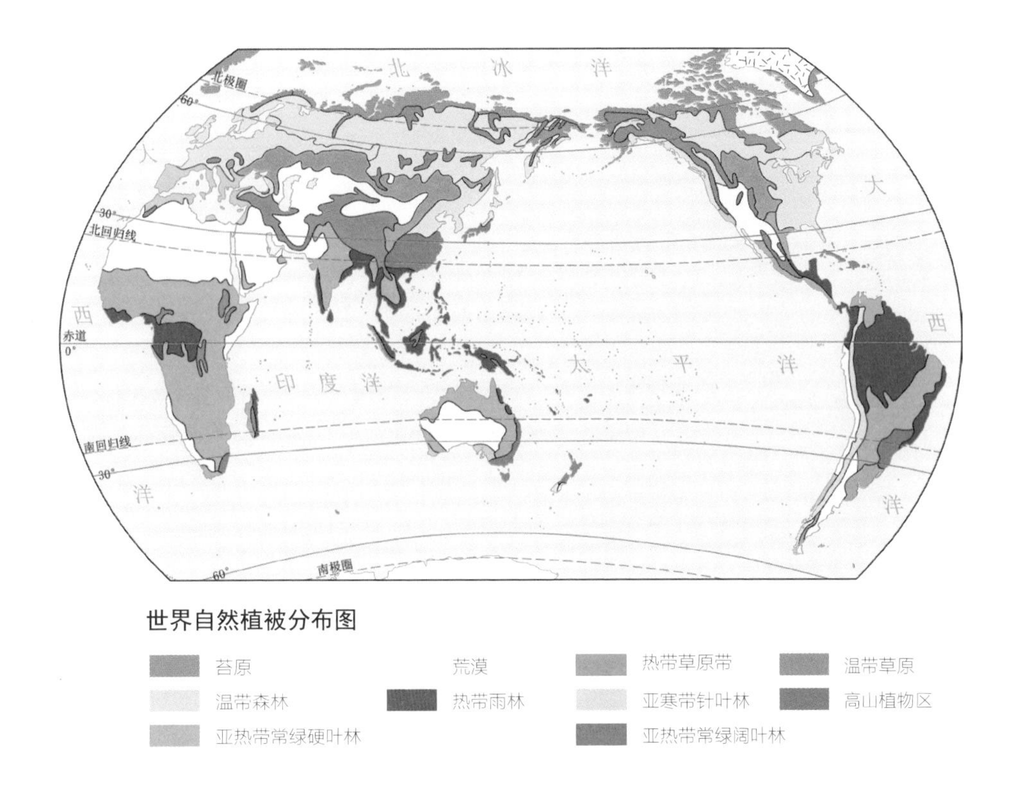

世界自然植被分布图

因此夏季大洋的暖湿气流从海洋吹向陆地（偏南风），但是被高高隆起的青藏高原阻隔，便沿着地势一路向东回流，形成了四季分明、雨量丰沛的东亚季风气候区。

东亚季风气候区位于太平洋边缘，受海洋气流影响，降水丰富。又因处于大陆高压南伸的前方，高空有南支急流通过，故气旋过境频繁，云雨较多。因而降水呈现全年多雨，季节性降水有明显差异的特点。全年多雨体现在年降水量平均在 800～1600 毫米，比温带季风气候多 1～2 倍。

冬季高空西风带南北两支急流在亚热带季风气候区的上空辐合，形成一条比较稳定的切变线，再加上南岭山地的影响，在地面层出现一条比较持久的华南准静止锋，气旋过境频繁，云雨天气较多。大部分地区 12 月与 1 月平均降水量均在 40～50 毫米，2 月份有 60～80 毫米。如此一来，便补充了冬季降水略少的缺点，形成常年降水都较为丰沛的局面。

正是东亚季风气候带来的雨水，成就了中国东南部低海拔中亚热带常绿阔叶林这一片“绿洲”。

亚热带季风气候除降水丰富以外，热量资源也非常丰富，年平均气温介于13~20℃之间，1月平均气温在0℃以上，7月平均气温均达28℃左右，有些地区超过29℃。7~8月因受副热带高压控制，晴天多，日照时间长，高温出现的频率最大。浙江的金华、丽水、衢州三地，夏季都有41℃以上的高温气象记录。

钱江源国家公园是白际山脉的一部分。白际山脉位于安徽省黄山市东南的皖浙交界处，是两省的界山，因高耸入云接天之际而得名。进入开化段，白际山脉呈东北—西南走向，北接天目山脉，南连怀玉山脉，从齐溪镇入境，沿齐溪、何田、苏庄、杨林向西南方向发展，直至与怀玉山脉相连接。

夏季，从太平洋吹来的湿暖气流经过白际山脉，被高大且连绵不绝的群山阻挡，气流受冷化成降水降在山地的迎风坡。冬季，西伯利亚冷空气南下，但由于白际山脉的阻挡，使得钱江源国家公园的冬季气温明显高于长江中下游平原其他地区。

夏季炎热潮湿，冬季温暖，全年四季分明，雨量充沛。这正是亚热带常绿阔叶林生长的黄金气候。

长江三角洲的最后一块生态处女地

长江三角洲是我国人口最稠密、经济最发达、土地开发利用强度最大的地区之一，同时也是我国生态环境遭破坏、生物多样性受损较为严重的地区之一。然而钱江源国家公园却完整地保存着全球稀有的、大面积的中亚热带低海拔原生常绿阔叶林，它就像一块绿洲中的“翡翠”。锦鳞在水，鲜果在林，珍禽在天，奇兽在山，是这里的真实写照。人与动物同处一片蓝天下，谋求共存，互不干扰，相安无事；原始生态与现代文明和谐交融，保存着生态系统的原真性和完整性。

森林能够被保护下来，有一个人的贡献我们不能忘记。1958年，开化县建立伐木场，林业成了开化的经济支柱之一。1973年，杭州大学（今浙江大学）生物系教授诸葛阳来到开化考察。他发现了古田山的原始森林，当即写信给当时的开化县革委会，呼吁把这片森林保护起来。很快，这里便设立了禁伐区。

进入到21世纪，随着经济的飞速发展，江南水乡已经难以寻觅原始森林的踪迹。当年的禁伐区成就了钱江源国家公园。这片全球稀有的低海拔常绿阔叶林是许多物种最后的“基因保护地”，各种生命以它们的本来面目繁衍生息，造就了丰富的生物多样性。2020 年综合科学考察结果显示，这里共有高等植物 2234 种，其中，国家一级重点保护野生植物 1 种、国家二级重点保护野生植物 34 种、中国特有属 14 个。这里的香果树、野含笑、南紫薇三大珍稀古树群落，其数量之多、分布之集中，全国罕见。这里的动物种群也同样丰富：鸟类 264 种，兽类 44 种，两栖类动物 26 种，爬行类动物 38 种，昆虫 2013 种，鱼类 42 种。这里还是国家一级重点保护野生动物白颈长尾雉、黑麂、中国穿山甲、黄胸鹀、白鹤的重要栖息地，也是国家二级重点保护野生动物亚洲黑熊、中华鬣羚、白鹇、仙八色鸫等动物幸福生活的地方。

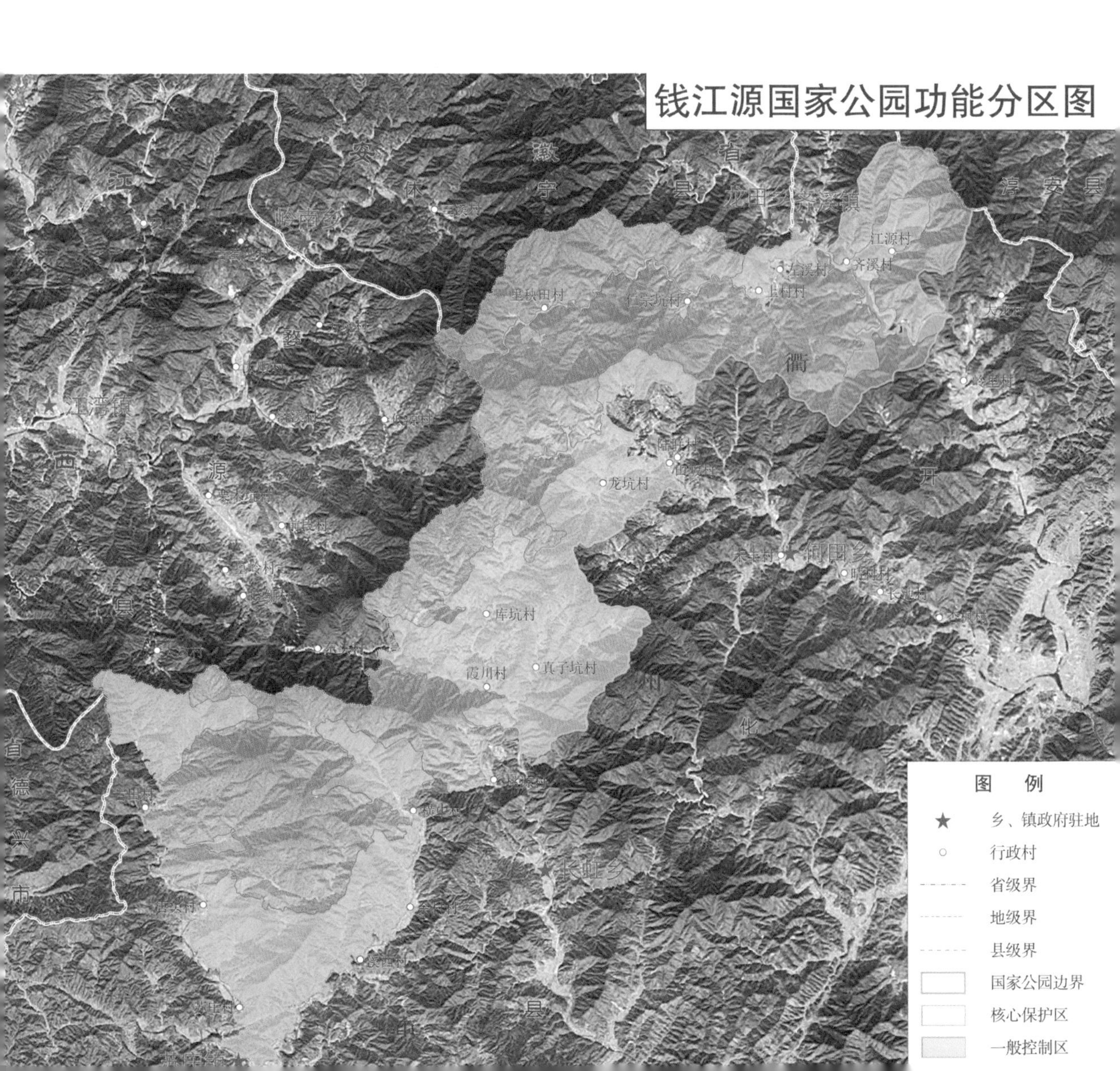

钱江源国家公园位于浙江母亲河钱塘江的源头——浙江省开化县境内，是浙江、江西、安徽交界处的白际山脉的一部分，由古田山国家级自然保护区、钱江源国家森林公园、钱江源省级风景名胜区以及上述自然保护地之间的连接地带整合而成。钱江源国家公园规划总面积 252 平方千米，其中，核心保护区 151 平方千米，占 60%；一般控制区 101 平方千米，占 40%。

钱江源国家公园面积虽然不大，但涉及开化县苏庄、长虹、何田、齐溪共 4 个乡镇，包括 21 个行政村 64 个自然村，人口 10644 人。如此高的人口密度，如何实现人与自然和谐共生？保护好自然资源，理顺社区关系，开化的老百姓自古以来就有一套办法。白颈长尾雉、白鹇、野猪等野生动物经常闯入农田，毁坏庄稼。于是，古田村的先民想到了一个办法，在每年插秧时节举行一场仪式，叫“古田保苗节”。这一天，人们抬着明太祖、关公的塑像走进田陌，并在整个田畈上遍插红、黄、蓝三色小旗，辅以锣鼓和唢呐伴奏。据说，神像有祛病驱虫，驯服野兽的法力。先民们相信，神明巡游过的稻田，能够无灾无病，五谷丰登。其实，这些活动本质上是人类给野生动物的一种善意的提醒和警示。

钱江源国家公园发表论文被引用的频次和地区

亚热带常绿阔叶林群落内部结构复杂，仅次于热带雨林。可分为乔木层、灌木层和草本层：乔木层多数为壳斗科的常绿树种；灌木层常见的为山茶科、杜鹃花科、紫金牛科和茜草科灌木；草本层除有灌木的更新幼苗之外，以常绿草本为主，常见有蕨类及莎草科、禾本科的草本植物。

在开化，很多村庄都有类似的民俗，维系着生态平衡，体现了开化人的原始生态理念和人文智慧：敬畏自然、尊重自然、保护自然。这大概就是开化能保留下长江三角洲最后一块生态处女地的根本原因吧。

全球领先的森林生物多样性研究平台

钱江源国家公园独特的地理优势、丰富典型的生物资源，为森林的长期生物多样性动态监测和机理研究提供了最优平台。自 2002 年始，由中国科学院植物研究所牵头，与北京大学、浙江大学、耶鲁大学、地球观察研究所等多家中外科研机构、国际环保组织合作，在此设立科研基地，先后有德国、英国、美国、瑞士、印度、新加坡等国的专家学者 1900 余人次，参与这里的生物多样性研究工作。

目前，钱江源国家公园建有中国森林生物多样性最完善的监测样地体系，其中，24 公顷样地是我国森林生物多样性重要监测平台之一，是中国森林生物多样性监测网络成员，也是世界热带森林研究中心（CTFS）监测网络的重要组成部分；中欧合作的中国亚热带森林生物多样性与生态系统功能实验研究平台，是全球唯一一个在亚热带开展的森林 BEF 研究项目；“汇丰与气候伙伴同行”活动中国项目在这里设立了中国唯一一个区域性气候研究中心，也是全球五大区域性气候研究中心之一；这里还有全球唯一的全境网格化监测基地，运用红外相机调查技术来探测和记录大中型兽类和地栖性鸟类；森林冠层生物多样性监测系统和森林三维激光扫描系统则为开展林冠生物多样性、动植物相互关系以及生态过程对环境变化的响应等研究打下了坚实基础；与中国科学院傅伯杰院士合作，以“生态系统服务与生态安全”技术架构为核心，围绕生物多样性保护、生态系统服务与生态安全、生态景观的利用与可持续发展等方面开展技术研究；与中国科学院魏辅文院士合作，以钱江源国家公园为研究基地，从生态保护、系统演化、染色体演化等多层次开展中国黑麂分布、种群栖息地、遗传多样性、基因组演化等研究。

加拿大知名生态学家 Pierre Legendre 教授以古田山为样本，撰写的论文《亚热带森林的 beta 多样性分解》刊登在《生态学》2009 年 3 月刊。基于这里的研究，目前已有 316 篇论文发表在生态学顶级期刊上，其中 244 篇被 SCI 收录

德国弗莱堡大学、柏林自然博物馆和中国科学院动物所组成的国际合作研究团队在古田山发现的新物种“蚁墙蜂”，因身怀绝技入选 2014 年全球十大新发现物种排行榜。这种蜂会用蚂蚁尸体来制造蚁墙，封住巢穴来保护它的后代

自2007年以来，这里共获得30多个各类科研项目，其中包括国家自然科学基金项目15个、重大国际合作项目4个、国家科技支撑项目3个、科学院重大方向项目4个。如此多的科研项目，需要大量基础数据采集工作。比如，24公顷大样地，有147000棵树需要定位、鉴定、检测，仅仅靠科学家是不可行的。于是，当地衍生出一种新的职业——科研农民。中国科学院植物研究所在这里培养了一大批农民科学家，其中4个人朝九晚五每天上班，负责24公顷大样地的常规监测如挂牌、种子雨和凋落物监测、幼苗监测、树木生长监测等，其他人则是有活就接，工资按天结算。

基于这里的研究，目前共有来自国内30多个不同研究单位和高校的100多人获得博士或硕士学位，多人获得博士研究生国家奖学金和中国科学院优秀毕业生；在《Nature Communications》《New Phytologist》《American Naturalist》《Ecology》《Journal of Ecology》等生态学顶级期刊共发表文章316篇（其中《Science》2篇，244篇被SCI收录）。其中，有关稀有种对群落谱系多样性贡献的论文被著名生态学家、欧洲科学院院士凯文·加斯顿（Kevin Gaston）于2012年7月5日在《Nature》的生态学栏目高度评价，并和幼苗动态机制的研究论文一起被Faculty1000推荐为必读论文。

大片原始森林生长在这里，一群群的野生动物自由奔跑，瑰丽的景观充满自然之美，一切还保存着原生状态，人与自然和谐共存。这是否就是你心目中国家公园的样子？

专家点评

章新胜

世界自然保护联盟（IUCN）理事会主席

开化确实是个好地方。成为一个好地方不容易，不仅经济要发展，社会和文化要繁荣，生态环境更加重要。开化人民特别友好、淳朴，还特别崇尚尊重自然。在我看来，开化这种道法自然的文化是很宝贵的。

开化对整个浙江省，甚至整个长江三角洲地区的生态系统，都有着保护作用。这儿是源头，如果这个源头没有了，那整个地区的可持续发展就是一场灾难。从全球来看，如果开化这个源头没有了，我们整个地球就缺乏这一块亚热带常绿阔叶林地区来调节气候、土壤有机质、水的甘甜。开化，特别是钱江源国家公园地区，对世界可持续发展的贡献太大了。

傅伯杰

中国科学院院士

古田山国家级自然保护区是钱江源国家公园的核心区域，其常绿阔叶林生态系统，具有很高的服务价值。

据中国科学院在这里建立的 24 公顷森林大样地监测，有 159 个木本植物物种，还有一些草本植物的物种，以及动物、微生物等。总体来说，这里很有代表性，在世界上也具有典型性。

魏辅文

中国科学院院士

2018 年和 2019 年，我先后两次对坐落于我国东部的钱江源国家公园进行了实地考察，并与开化县县委书记、县长、常务副县长、国家公园管理机构相关人员等进行了交谈，感触颇深，有感而发。

第一，钱江源国家公园是镶嵌在中国东部长江三角洲经济发达、人口密集区的一片绿洲。它是浙江人民母亲河——钱塘江的发源地，是浙江人民的水塔和氧吧，维系着浙江人民乃至长江三角洲地区广大人民的健康福祉，建设好钱江源国家公园具有重大的生态与社会意义。

第二，钱江源国家公园是开展生物演化研究的天然实验室。区内保存完好的原生亚热带常绿阔叶林经过长期演化，造就了其独特的动物和植物区系，特别是区内生活着的一种堪与大熊猫媲美的中国特有动物——黑麂。大熊猫因其特化的食性（以竹子为食）而闻名，而黑麂也因其染色体数目稀少且雌雄各异（雌性 8 条、雄性 9 条）而奇特。它是研究哺乳动物染色体演化的天然实验动物，也必将因此而为世人熟知。建设好钱江源国家公园，保护好其独特的生物多样性将具有重大的科学意义。

第三，钱江源国家公园是我国国家公园试点的先行者和机制体制改革创新的践行者和排头兵。其所实施的一系列改革举措如社区共管、跨省合作保护等将为如何构建天人合一、人与自然和谐的国家公园提供重要的经验。建设好钱江源国家公园将具有重要的示范意义。

祝愿钱江源国家公园拥有更加美好的明天！

帕梅拉·索提斯（Pamela Soltis）

美国科学院院士
美国佛罗里达大学教授

古田山是一个漂亮的保护区，给我们提供了非常多的机会来完成出色的研究。首先，这是一个研究生物多样性的绝佳机会，古田山自然保护区已经建立了几十年，我们可以看到生物多样性在这里得到了保护，我们可以看到各类树种、蕨类以及其他动植物，它们共同形成了一个功能性生态系统，非常有价值。我们不仅可以了解到当前这里生物多样性的情况，还有机会持续地监测时间给生物多样性带来的变化。诸如此类的研究项目，不仅可以让我们了解到这里现在有什么，还可以让我们预测到将来还会有什么。我们可以了解到气候变化给生物多样性带来的影响，并且还能更多地了解到不同物种之间是如何相互影响的。

马克平

世界自然保护联盟（IUCN）亚洲区会员委员会主席
中国科学院生物多样性委员会副主任兼秘书长
中国科学院植物研究所研究员

开化很重视自然保护。开化在自然保护方面有许多经验值得学习，也有许多保护完好的地方可供参会者游览。此外，开化的领导、钱江源国家公园的管理人员在自然保护方面非常努力，这种保护自然的精神很好地展示了中国风采。在我看来，钱江源国家公园还应该重视以下几个方面。

第一，正确完整地认识钱江源的价值。钱江源是中国最有特色的生态系统类型之一，是亚热带常绿阔叶林很典型的代表，我希望开化能够更好地挖掘其典型性和代表性。第二，要将钱江源国家公园真正建设成一个中国自然保护地建设的样板。第三，保护要建立在科学的基础上，要加强本底调查，了解我们有什么。要加强监测，了解我们保护的对象怎么变化，在这个基础上我们才能有更好的保护方案和保护效果。

于明坚

浙江大学教授、博士生导师
浙江省植物学会理事长

1999 年我第一次去古田山，到了之后就被古田山整个植被、生态系统所震撼，我从来没有见到过这么好的植被。2002 年，我跟中国科学院植物研究所的马克平研究员组织了一次考察，他也觉得非常好。因此，我们联合于 2002 年建立了 5 公顷样地，2004 年建立了 24 公顷样地，完成之后只有几年就又建立了十几个 1 公顷样地，以及建立了中欧合作的全球最大的森林生物多样性与生态系统功能关系的实验项目。那么，整个平台的建立，对推动古田山科学研究的发展具有很重要的作用。

伯思哈德 · 施密特（Bernhard Schmid）

苏黎世大学自然科学院原院长

我第一次来这里是 2008 年，到现在大概一共来了有 10 次左右。钱江源国家公园现在的各种设施、实验条件及发展都很令我震撼。这里是我所见过的印象最深刻的森林。

在这里建设国家公园是非常好的举措，因为这里是有价值和典型的亚热带阔叶林的代表区域，在这里建设国家公园很有代表性。

你若仔细观察，就会发现“钱江源”的“钱”字上多了一点。据说这是乔石委员长在题字时，希望源头之水源远流长，水要多一点，亦是祝愿源头人民“钱”多一点，富裕一点。

壹

钱塘江从这里走来

新华社杭州 1999 年 11 月 11 日电：钱塘江的源头在哪里？经过专家多方考察，这一历史之迷终于有了定论：钱塘江源头出自浙江西部的开化县境内。最早提出钱塘江源头的是《汉书·地理志》，该书简力地提出浙江“水出丹阳黟县南蛮中”，《汉书·地理志》则提出“浙江出歙县”。北魏地理学家郦道元的《水经注》也肯定了《汉书·地理志》中的说法。此后有人把新安江上游作为钱塘江的源头。20 世纪 30 年代，国家地理学专家实地考察后，认为钱塘江发源于浙江、安徽、江西三省交界的开化县齐溪乡莲花尖。1979 年版的《辞海》有这样的记载：“钱塘江，旧称浙江，浙江省最大的河流，上游源出浙皖赣边境的莲花尖。”1999 年初以来，浙江省组织一批专家进行数次的实地考察，记录和积累了大量的考察资料，最终认定：源自莲花尖的莲花溪，源自龙田乡境内的龙溪都在浙江省开化县齐溪镇汇聚成河。“齐溪镇”的得名也由此而来，因此钱塘江的源头应该在开化县的齐溪镇境内。

钱江问源

文／这筱 朱寅

对普通人来说，这样解说江河的源头并不会带来理解上的困难：河源即河流发源地，是河流最初具有地表水流的地方。对专业人士来说，执行它的标准也似乎并不复杂：按长度以“河源唯远”参照；按径流量以“流量唯大”确定；按流向以“与主流方向一致”为导向；更需要符合文化符号的意义。河源是确定河流长度的重要参考点之一，因此在水文学上一直是一个重要的课题。

看上去，确定河源并不是个简单的问题，但若要最终得出客观的科学结论，实践证明注定有许多弯路要走。很多著名的河流，如长江、黄河等江河的源头都有过长时间的争论。因为几乎没有一条河流是“直直的一条大河通到海”的，源头往往会出现十分复杂的“辫状水系”。比如，长江源头，“江源如帚，分散甚阔”，各条分支犹如当地藏族小姑娘的发辫一样，在高原上欢快地流淌着。数千年来人们一直以为长江的上游是岷江，发源于四川；明代徐霞客考察到长江上游是金沙江，起源于青海；直到当代勘测队员不懈努力，在高原上艰难地进行地毯式摸索，结合卫星GPS等多种高科技手段，才确定长江正源是沱沱河。

与长江一样，钱塘江源头的确定，也经历了一波三折。

最早提出钱塘江源头的是战国时著作《山海经·海内东经》：“浙江出三天子都，在其（蛮）东。在闽西北，入海余暨南。”“三天子都”是古山名，有人考证可能是黄山、率山或是三王山，均在古徽州范围内。这段话实际上已经将新安江当作了钱塘江的正源。

也许是地理勘探技术的限制，《山海经》之后的古典文献都继承了这一说法。《汉书·地理志》说钱塘江“水出丹阳黟县南蛮中”，《后汉书·地理志》又提出“浙江出歙县”。“黟县”“歙县”均属于古徽州。北魏地理学家郦道元的《水经注》也肯定了汉书中的说法。唐《元和郡县志》、北宋《太平寰宇记》、南宋《淳熙新安志》、明朝《大明一统志》以及清朝《嘉庆重修一统志》等书，均以新安江为钱塘江正源。

明清以后，人们的地理视野扩大了，对钱塘江的认识也加深了。随着浙江西南部地区和江西、福建等地的进一步开发，人们发现兰江及上游的衢州流域面积更广、流量也远超新安江，另一条支流婺江也可与新安江相媲，于是就有了把新安江作为北源，衢江作为南源，婺江作为东源的“三源”说法。

随着地理科学的传入，民国时期的地理工作者在实地考察后，认定衢江为钱塘江的上游，并在1929年的《浙江水利局年刊》、1932—1935年《浙江水利局总报告》、1940年的《最新中外地名辞典》中留下文字记载。从此，衢江为钱塘江正源一说开始流行，影响力也越来越大。

1956年，电力工业部上海水力发电设计院和浙江省水利厅勘测设计院联合组织的钱塘江查勘队，重新对钱塘江流域的水利土地资源进行查勘，在其《钱塘江流域勘查报告》中，确定了钱塘江发源于“浙江西南开化县境内浙、皖、赣三省交界之莲花尖”，这也是中华人民共和国成立后学界首次把钱塘江源头界定为莲花尖。1979年出版的《辞海》条目采用了这一说法。鉴于《辞海》在学术上的权威性，“衢江说”几乎成为定论。

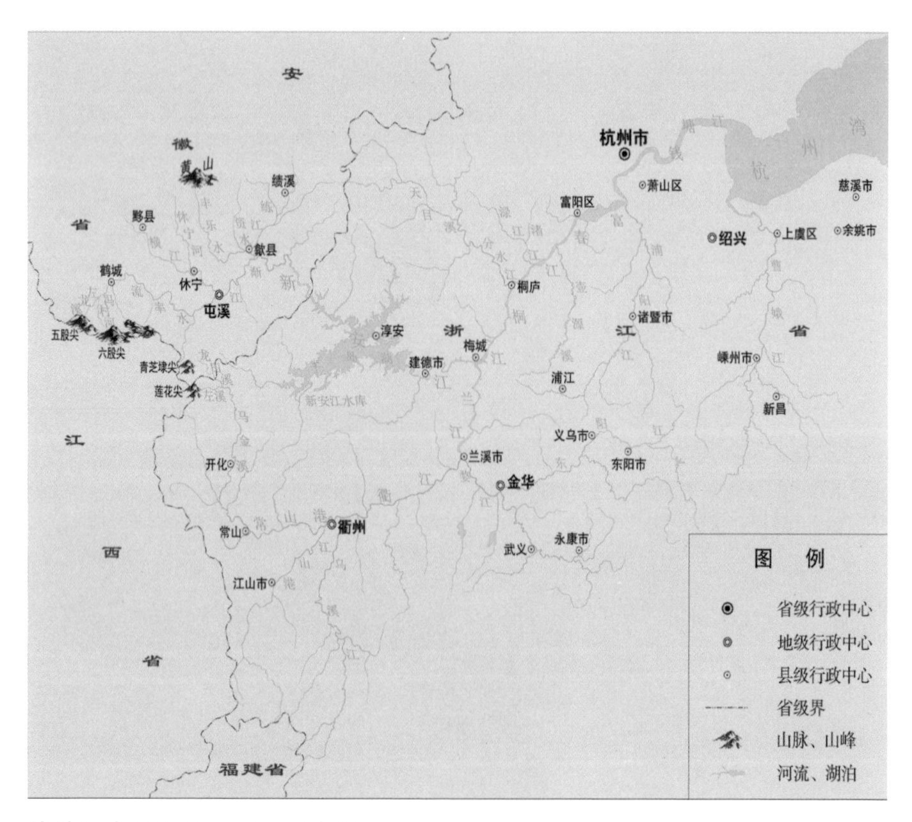

钱塘江水系及河源河口示意图

然而，事情并没有就此了结。1980 年，《浙江日报》的几位记者和一些学者根据航测资料，再次组织了浙皖边境的江源勘查，提出新的意见：钱塘江源头应在安徽省休宁县。之后，浙江省科学技术学会又组织一批专家进行数十次的实地考察，记录和积累了大量的考察资料。但由于受“河源唯长”说法的约束，又回到早先的结论，在正式的鉴定中，把新安江定为钱塘江的正源。该结论得到《人民日报》的认可，以至于新版的《辞海》也把钱塘江的正源变回了新安江。

但是江源的确定并不单以“河源唯长”为原则。国内许多著名的河流如松花江、泾河、长江、嘉陵江、汉江、黄浦江等，正源都不是最长的那条。世界第一大河亚马孙河的支流乌卡亚利河比正源马腊尼翁河长，俄罗斯三大河流勒拿河、叶尼塞河、鄂毕河的支流也都比正源长。其中，叶尼塞河如果以最长的安加拉河—色楞格河为源，则长度不仅大大超过位居亚洲第二的黄河，也许还要超过号称世界第三大河的长江。其他如北美第一大河密西西比河，大洋洲第一大河墨累河，其支流密苏里河与达令河长度甚至比整条干流还长。

1999 年，浙江的专家根据多次实地考察的数据，重新对钱塘江的河流长度、流域面积、出境水流量三个指标进行论证。钱塘江的干流若以新安江为源头，则其长度为 373 千米，流域面积为 11047 平方千米，年均径流量为 110 亿立方米；若以衢江为源，取兰江—衢江—常山港—马金溪为干流，其长度为 293 千米，流域面积为 19350 平方千米，年均径流量为 188 亿立方米。衢江虽然长度略短，但流域面积和径流量大大超过新安江，而且干流由于处于钱塘江整个流域的中轴，从而使整个水系呈完美的羽状对称分布，符合国际国内通例。最终，专家认定衢江上游为钱塘江的正源。

我们常说：祖国大好河山。一条条或长或短的河流，孕育了中华文明。钱塘江是浙江的母亲河，神圣而又神秘的钱塘江源头，便是浙江儿女神往的精神家园，每一条支流、每一条小溪、每一个泉涌都值得我们尊重和敬畏！

『天池』莲花塘

文／朱寅

《管子》曰：“水者，何也？万物之本原，诸生之宗室也。”

开化水资源十分丰富，年平均水资源量约为24.5亿立方米，地表年径流量23.53亿立方米，人均水资源占有量为全国的4.38倍、全省的5.03倍。

作为钱塘江的源头，莲花尖在被人揭开面纱后，虽然她的容颜惊艳了世人，但又似乎始终蒙着一层神秘的迷雾，让人捉摸不透——钱塘江的水源自莲花塘，而莲花塘是莲花尖半山腰一个洼地。虽然她在枯水期的实际水域面积只有一个水塘大小，却正是因为她四季不断源源涌出的泉水，孕育了山上常年不息的数十条大小溪流。如果单看这个水塘，或许很难和闻名遐迩的钱塘江产生联想。但她的涓涓细流最终汇成了钱塘江，却又是一个不争的事实——钱江源头枯水期不断流，从山下沿山沟爬千米山顶，无论春夏还是秋冬，其间流泉飞瀑，常年飞流不止。春夏巨如银河倒泻，秋冬细若白练轻纱，飞花溅玉，山上溪涧的鱼虾因此常年得以在水中嬉戏，而各种水鸟也喜欢四季在这些溪涧飞掠。

据有关专家测算，莲花塘的集雨面积约为1平方千米左右，源头的年降雨量约为200万立方米，可实际从莲花塘流出的水年流量达到400多万立方米，这多出来1倍的水量从何处而来？而且据当地人说，数百年来，源头在最干旱的年份也从未断过流水。如果算上地面蒸发，这超过1倍的水合理的解释就是来自地下了。

浙江大学环境与资源学院王深法教授认为：莲花塘这个“天池”的形成是因为晋宁时期花岗岩侵入隆起，后在新构造运动中强烈抬升而断裂，上覆地层遭剥蚀，莲花塘成为最易侵蚀下陷之处，从而形成被四周山峰所包围的树枝状的侵蚀“盆地”，后积水成湖。年长日久，湖内大量泥沙淤积，水草丛生，最后演变成目前松软的亚高山草甸，这种草甸土壤涵养水分的能力极强，加上周围茂盛的树林，使塘里的水源十分丰富，就是在干旱的季节，仍有很多泉水源源流出，蓄水和涵水形成一个良性的循环。这也是一个学界比较主流的看法，说明钱江源所处的丘陵地带，富含地下水源，

江南第一瀑——神龙飞瀑，它的落差达130米，中间巨石如屏，将瀑布分成三段，远看如神龙见首不见尾，近看瀑布飞扬，从天而降。这条瀑布，雨季水流击石，雷鸣壮观；旱季细雨绵绵，形似银帘，常年水流不断。

这些地下水才是钱塘江的真正“源头”，而我们能看到的活跃于地表的水源，或许只是“冰山一角”。

但长久以来形成的民间信仰不一定要用科学来解释：莲花塘在当地一直是个著名的佛教圣地，北宋时，此地建有莲花庵，边上有七个塘环绕作为放生池，形如观音座的七朵莲花。清朝末年，寺庙被荒废，放生池演变成一片沼泽。直到20世纪80年代，开化县政府斥资修复了当年的七塘之一，就是我们现在看到的莲花塘，地下泉水汇聚成钱塘江真正的“源眼”，浩浩钱塘江就从这里出发。

天空之镜

文＼这筱

都说“天空之镜”是最接近天堂的地方。
从玻利维亚的乌尤尼盐沼，
到青藏高原的茶卡盐湖，
那里的湖面像镜子一样澄明，
反射着美丽到令人窒息的天空美景，
蓝天和大地在湖面上融成一线，
分不清镜子里哪个是你，
哪个是我。

若想寻找“天空之镜”，其实不用走这么远。开化的山太美，远山含黛；开化的水太清，碧波似镜。每年不知有多少访客，跌入这个浙西的太虚幻境。

而那山，那水，却是真真实实的美景。山水灵秀境，诗画钱江源。自然之美，美在辽阔，视野、心境因此打开，真谓心旷神怡。山水之美，美在变幻，贵在宁静，真谓物我两忘，天人合一。

当一群鸟整齐地飞过天空，当天空或湛蓝一片或五彩缤纷地落进一片静静的湖面，那就是你要去的伊甸园了——传说人类是不长翅膀但有着鸟一样梦想的生物——对鸟儿和人类来说，宁静才是他们最后的家园。

像似人生的两种选择，到了钱江源，你可以选择往上去山顶源头探险，也可以选择去大自然寻找一个宁静的家园——有山，有水，有码头，有船，有桥，有古树，有村落或城郭——开始一场红尘阡陌漫无目的的旅行，直至邂逅的惊喜触动你的心灵。

诗意盎然，天空没有鸟的翅膀，但有我飞过的痕迹。

登顶莲花尖

文／丁丹

一年之中，春天适宜赏花，秋天适合高楼看月色。初冬若天气晴好，风烟俱净，爬山就是萦绕心头的第一件大事。

——引言

说是慕名去看钱塘江的源头，其实是为了去爬莲花尖，更为了那“养在深山少人知”的三省界碑。三省界碑位于浙、皖、赣三省省界的交点，矗立在钱江源的崇山峻岭里——莲花尖最高峰的最高处，以碑为界，分别指向浙江省开化县、安徽省休宁县与江西省婺源县三个方向。

莲花尖，听起来似是一座山，实则由伞老尖、高楼尖等众多山峰组成。据《开化县志》记载，莲花尖受新地质构造运动影响，山顶巨石劈裂似莲花而得名，海拔高 1136.8 米。《浙江古今地名词典》里则说：“莲花尖，具有典型的江南古陆强烈上升山地的地貌特征，并因此形成了山河相间、谷狭坡陡、山脊脉络清晰的地形特点。”

关于莲花尖，当地还流传着一个美丽传说。古时，这里是观音修道福地。一天，观音要前去庆贺王母娘娘寿诞，嘱咐童子照管潭中正在修炼的小白龙，要按时喂食。哪知童子被莲花尖上的美景陶醉，玩得忘了喂食。小白龙在潭中饥渴难耐，躁动不安，来回翻滚折腾，一不小心跳将出来，顺着水流朝山下游去，一直到了东海。因为小白龙跟观音学法已有一定功力，它一路滚过的地方，就成了今天的钱塘江。小白龙后来长大了，不忘观音恩德，每年都要从海里回来看看——这就是钱江大潮的来历。

山水“真”为性　浩然心气清

听完这个故事，我们的心早已飞了过去。驱车前往莲花尖的路上，两岸层峦耸翠，山路蜿蜒。高大的山峰遮住了午后的太阳，显得有几分冷清寥落。因为缺少阳光，有些幽暗。一下车，冷冽的寒风让人打了个哆嗦。举目四望，只见枯黄的槲叶铺满山路。一阵风过，大片的落叶在风中飞舞，不由得想起了温庭筠的《商山早行》。

晨起动征铎，客行悲故乡。鸡声茅店月，人迹板桥霜。
槲叶落山路，枳花明驿墙。因思杜陵梦，凫雁满回塘。

槲叶落满山路，却唯独少了枳花。长久不运动的我，没爬多久便觉得体力不支。难怪人常说：百无一用是书生。如今我也算是个无用之人了。

虽已是深秋时节，但因为这里的树种大多是常绿阔叶林，所以满山遍野依然绿得郁郁葱葱。寂静无人的山间，只有风吹叶落随水流的声音，间或有几片叶子落在肩头。仰头间，天空被山峦分割成一小块，天地之大，山之宽宏，忽然觉得心可以安放下来。

不由地想起了吴均的“鸢飞戾天者，望峰息心；经纶世物者，窥谷忘返”之句，十几岁年纪不懂的句子，如今已经深得其精髓。

山野丛中，一朵朵小香菇在向我们招手

一条翠绿的竹叶青不慌不忙地爬进山洞，大概是要准备冬眠了

正在欢爱的豆娘

萌萌的小花鼠探头探脑看着我们，似乎是在好奇

有志事竟成　得失心自知

走到一个岔路口，往左去莲花塘，往右是去三省界碑，导游小姐姐带着我们拐上右边那条路，还说：“这条路本来是不对访客开放的，今天你们例外！”

踩着厚厚的落叶，艰难地爬上一段又一段陡峭的山路，跨过一座又一座小木桥，才发现这最后一段通往山顶的路悄无一人；参天的大树遮住了下午金灿灿的阳光，阴冷的风即便在剧烈运动后，仍让人感觉到几丝寒意。

一边攀爬，一边喘息，对着陡峭的山路已经习以为常，踩着木头搭成的简易木桥也不像最初那般小心翼翼，能面不改色心不跳地从容通过。但一转头就看到路边幽暗的草丛里，盘旋着一条似乎快要进入冬眠的蛇，我还是不由地慌忙逃窜。害怕归害怕，从另一个侧面来说，这里的生态环境确实极好，毕竟在环境遭到破坏的地方，是难以看见野生蛇的。

在放弃和不甘放弃的思想交战中，竭尽全力往上爬，总算在 4 点的时候，爬上了山顶。当和煦的夕阳照在身上的时候，方觉得一草一木皆是馈赠。

莲花尖的最高处是一片人迹罕至、莽莽苍苍的原始次生林，由爬满青藤的古松、高耸入云的山毛榉和像蟒蛇一样在林莽中绕来缠去的古藤组成，显得分外荒芜而神秘。而那个被我们期待已久的三省界碑却简朴得出人意料。一个三棱锥状的石柱三面，分别写着“浙江、安徽、江西”和“国务院”的字样。西南方向的山脚下，遥遥望着似有一座小村庄，在群山环绕间，有一股遗世独立的世外之感。据说那里已经是婺源了。

为了赶时间，又急忙踏上归途。从界碑绕着山脊，沐浴在夕阳下，走过了一座又一座山头。森林深处的湿地被厚厚草叶覆盖，汩汩冒着的一股股清澈泉水，在枯枝落叶间到处流淌，萦纡回环，后顺着纵横交错的小沟，分东西两路向下流入莲花溪。

看到几株翠翠古柏的时候，我们就到了分岔路口的另一端——莲花潭。此时，天色已经暗了下来。同行的姑娘告诉我们，古时候这里曾建有庵堂庙宇，还有七个莲花塘作为放生池，形如观音坐的七朵莲花，十分壮观。如今只剩下一个池塘了。

此处，即是钱塘江的源头。

由于急于赶回杭州，稍作歇息便踏上归程。仓促回首间，不知是因为故事，还是满天晚霞，此时的莲花尖，真的宛如一片霞光四射的美丽仙境。

到山脚的时候，脚下的路已经模糊得快看不清了。而苍茫夜色间的莲花尖，依旧模模糊糊地静静矗立着，无悲无喜，似在向我们作别，又似乎什么都没有。

高山流水得知音，山水如伯牙，访客是否为钟子期呢？全看之间是否心意相通。这一趟山水盛宴，至此落下句点。山间浑然天成的秋色，林中自由自在的清流，在日后无数苍白的清晨或傍晚，总会被无数次想起！

链接：水，生命之源 文明之源

——从钱塘江流域可持续发展史说起（节选）

--- 选自《人与生物圈》李渤生 陈致杭

中国所处的地理位置和独特的地貌形态，“其东临太平洋，西北延伸至亚洲腹地，西南高升至世界屋脊；而南部则隔南亚诸国近濒临于印度洋”，使之成为世界少有的典型季风国家，特别是成了夏季西太平洋（东南）季风和印度洋（西南）季风的造访地。通过季风等大气环流形式，我国大陆边界上每年输入水汽总量为 182154 亿立方米，而通过环流输出的水汽总量为 15397 亿立方米，水汽净输入量为 23757 亿立方米。在我东部和西部，这些水汽在运移过程中受到诸列位于北东、南西和东西走向山脉的阻滞，凝为雨、雪、雹、霰落下，中国平均天然降水量为 648mm/a，折合约 61889 亿立方米，仅占全球陆地降水量平均值 834mm/a 的 77.73%，降水量的 56%通过陆地蒸发返回空中，仅有 44%形成 2.7 亿立方米的地表水和 0.83 亿立方米的地下水，成为我国总量约为 2.8 兆（万亿）立方米之多的陆域淡水源泉。其抚育了我国流域面积大于 100 平方千米的河流 5 万余条，面积在 1 平方千米以上的天然湖泊 2600 余个。毋庸置疑，我国是世界少有的绝大部分淡水河湖源头位于本土境内的国家。换言之，中国是淡水基本自给的国家，而且还成为众多注入北冰洋、印度洋和太平洋域外国家跨界河流的发源国。

其中，最需要关注的是青海三江源地区，这是我国母亲河：黄河、长江和澜沧江的发源地，有大小河流 180 余条，流域面积 237957 平方千米，年总径流量 324.17 亿立方米，除此之外还分布着我国面积最大的高原湿地，大小湖泊近 1800 余个，总面积达 7.33 万平方千米。该区内雪山林立，冰川悬注，冰川资源蕴藏量超 2000 亿立方米，为此，素有中华水塔之称。2018 年 1 月 17 日，国家发展和改革委员会正式对外公布《三江源国家公园总体规划》，明确至 2020 年正式设立三江源国家公园。三江源国家公园规划范围以三大江河的源头典型代表区域为主构架，优化整合了可可西里国家级自然保护区，三江源国家级自然保护区的扎陵湖—鄂陵湖、星星海、索加—曲麻河、果宗木查和昂赛 5 个保护分区，构成了“一园三区”格局，即长江源、黄河源、澜沧江源 3 个园区。总面积为 12.3 万平方千米，占三江源地区面积的 31.2%。

由于人口众多，我国人均水资源占有量仅有 2238 立方米，为世界平均值的 27.3%，位居世界第 121 位，是世界 13 个贫水国家之一。据现有资料统计，我国已有 16 个省（自治区、直辖市）进入重度缺水地区的行列（人均水资源量低于 1000 立方米）；5 个省（自治区、直辖市）沦为极度缺水地区。现在，我国流域面积大于 100 平方千米的河流与 90 年代相比已减少了 2.7 万条。除地表淡水外，我国丰富的地下水资源由于庞大的人口基数及其引发的过度人类活动，造成地下水资源的不可逆的严重流失甚至枯竭。

除此之外，我国 82%的湖泊与河流和 50%的地下水均受到了不同程度的污染，河流的环境自净能力极度下降。更为严重的是由于我国废污水的排放量还在不断增加（2015 年 735.3 亿吨），如不采取有力措施，我国水资源的状况还将进一步恶化，预计到 2050 年，中国人均水资源量将减少到 1760 立方米。淡水资源的危机将直接影响我国的生态安全，未来不可预料的生态与环境难民将有可能严重破坏我国的社会稳定。

例如，京津冀地区因严重的资源性缺水，仅能靠南水北调勉强维系该区的用水安全；长江三角洲以上海为首的城市群，亦因长江下游水质不断恶化，而将会出现水资源短缺的重大隐患；珠江三角洲与港珠澳大湾区城市群也面临着广西沿西江经济开发所造成的水质污染问题。

珍贵的历史典范，钱塘江流域

实际上中华文明真正延续至今的并不是北方的黄河流域文明而是以钱塘江流域为起源地和发展核心的江南文明。黄河文明在盛唐之后就因流域人口的增加和历代对自然生态系统的严重破坏而走向衰落。而古越人原创的稻作文明并不输于炎黄原创的粟、黍文明。一系列的古遗址发现证明了史前该流域稻作文明的发展，揭示了古越人创造的独特耜耕稻作文明的丰富内容。他们在湿地上架木为屋，过着饭稻鱼羹、丝麻为衣、编草为席、刨木为舟、楫舟江海的生活。

在我国早期封建社会，钱塘江流域社会经济的发展始终未有停步，即使在我国封建社会达到社会经济发展高峰的隋唐，钱塘江流域经济的发展仍不亚于中原。到隋代，隋炀帝迁都洛阳，并废除钱塘郡设杭州。为解洛阳缺粮之难，其集全国之力修筑了以洛阳为中心的京杭大运河，开创了我国的漕运历史。杭州，作为水路交通枢纽，由此跃升为我国江南的经济贸易中心。至唐末，杭州每年上交商税已占当时全国总税收的 4%。到宋室南迁，于公元 1138 年定都临安（今杭州），使之成为当时最大的都城，并是海上丝绸与陶瓷之路的起点，这极大地促进了钱塘江流域社会经济的发展，特别是位于其上游的新安江地区。当时该地辖属徽州，统领歙、黟、休宁、绩溪、祁门、婺源六县。自嘲为仅有“八分半山一分水，半分农田和庄园”的徽州百姓不失时机地抓住这一历史机遇，巧妙地利用钱塘江、大运河和江南水网四通八达的水上高速公路，依托杭州和明州港大力开展境内与跨海商贸，造就了富甲一方的徽商与培育了独特的徽商文化。明清时期，尽管我国政治中心北移，但钱塘江流域的经济地位始终居于高位。新中国建立之后，该地区社会经济发展也一直位列前茅。2016 年，全球瞩目的 G20 杭州峰会又向世界展现了杭州“创新之都”的新貌。由史前及其史书记载的诸多文明组成的钱塘文明是世界上具有几无间断近万年延续下的流域文明。这一珍贵的历史典范至今还蕴藏着发展潜力。

钱塘江流域有极优越的自然生态“禀赋”

钱塘江流域之所以能承续中华历代文明而久盛不衰，主要与其极其优越的自然生态秉赋以及当地民众对家乡山水与生灵的珍爱有关。

燕山运动时期，迅速隆升形成的以黄山山脉与其东接的天目山、莫干山以及南连的白际山、仙霞岭和其东延的天台山，在我国东南形成一个独立于长江流域的外流入海的钱塘江流域。该流域三周平地突起的北东南西走向山体，将东南海洋性季风阻截在坡面，使流域林立群山成为我国东南部重要的降水中心。黄山光明顶的年降水量高达 2396.3 毫米，几为钱塘沿海平原的 2 倍。特别在当地历代居民的精心呵护下，这些山地的森林生态系统历经数千年仍保存完好。这样，钱塘诸山地就成了该流域稳定的特大容量水塔，其多年平均水资源总量高达 389 亿立方米，流域面积仅有 5.56 万平方公里，河长不足 523 千米的钱塘江，每年可为该流域的城市与农村提供近 80 亿立方米洁净的淡水。更为重要的是：经江水数十万年的长期搬运，钱塘江下游形成大面积的杭嘉湖与宁绍湿地，使这里成为世界稻作文明的摇篮。1959 年，钱塘江上游的新安江水坝建成，其下游形成了一座水域面积 573 平方千米，库容 178.4 亿立方米的千岛湖。该湖不仅水量丰沛，超越了我国第三大淡水湖——太湖，而且水质极优，均为一类水体，现已成为以杭州为中心的钱塘江下游地区，未来实现可持续发展最重要的淡水资源保障。钱塘江流域是世界自远古至今实现了社会经济持续发展的地域之一，照此并加倍地保护性地发展，其将具备实现社会、经济、生态可持续发展的巨大潜力。

构建永续的钱塘江流域生态安全屏障

对于任何陆地生命系统的安全而言，保障其淡水良性循环系统的健康运行是其关键所在。作为地处中亚热带季风区的钱塘江流域更是如此。而保护该地区水资源安全的卫士就是其周缘山地发育良好的中亚热带山地常绿阔叶林生态系统，它涵养的充沛淡水资源使该流域维持了近万年的繁荣，其丰富的生物多样性资源，还为该地区未来的可持续发展提供着资源保障。但是，目前尽管该流域森林覆盖率已高达 77.4%，但其森林生态系统的质量并不高，人工林占比在 44% 以上。因此，构建永续的钱塘江流域生态安全屏障迫在眉睫。该生态安全屏障需建由林业、气象、水利等多个部门专业人员组成的联合或协调管理机构，主要管理好该流域淡水循环的后三个主要环节：①凝聚降水；②水的涵养（侵入与渗透形成地下水与表流形成径流）；③径流和地下水汇集为河流入湖、海。在该流域中的前两部分最为重要，因为它决定了流域水资源的总量。为此，共管部门必须首先根据集水山地降水的特点与地形地貌地质特征划分出不同等级的水源涵养区，然后对各山地森林群落的类型、发育阶段与状况进行深入研究，划分出水源涵养功能等级。处于山地最大降水带的一级水源涵养区应该与处于演替顶级的常绿阔叶林森林群落匹配，二级水源涵养区则必须是处于演替中的天然常绿阔叶林。在生态安全屏障中所涉及的所有山地的人工林均必须逐步通过人工科学促进，将其逐步演替为天然林，而处于自然演替前期阶段的天然林也要通过人工科学促进的方法逐步完成向顶极群落的自然演替过程。通过生态恢复和生态修复尽可能加快改善与提高山地森林的水源涵养功能。除此之外，林业、水利与气象部门需联合建立钱塘江流域水文、水质监测体系，从降水到渗流、径流、汇流，从支流至干流，最后到入海，精准管控流域的淡水良性循环，保障该地区的水生态安全。对中下游区的水资源管理由于河长制与湖长制的施行，在淡水循环的后一阶段水质可得到保障，唯一需要完善的是两长还需承担河、湖水量监测与水灾预警的职责。最后必须保证钱塘江入海口的水质达标，以维持舟山海洋生态系统的安全，保障舟山海洋渔业的可持续发展。

科学开发可持续利用的生物多样性资源

一种可持续利用的“资源”大家不甚了解，那就是生物多样性资源。钱塘江流域的生物多样性资源极其丰富。以植物为例：仅药用植物就有 1000 种；观赏植物 400 余种；油脂植物 300 余种；鞣料植物 160 余种；芳香植物 90 余种；饲料植物 50 余种。科学开发和合理利用钱塘江流域丰富的生物多样性资源，发展新的生物产业无疑对该地区实现社会经济的可持续发展有着极其重要的意义。在这一方面钱塘江流域的先民们已为人类作出了不可磨灭的贡献，水稻与桑蚕，仅两个物种的“驯化”，至今仍惠及全人类。而在田螺山和河姆渡遗址发现的 6000~7000 年前人工栽培古茶树根和古茶叶，说明钱塘江流域还是另一物种——“茶”的驯化地，却还鲜为人知。

（2018 年 Z1 期）

贰

全球稀有的原生常绿阔叶林

钱江源国家公园核心区的常绿阔叶林是典型的甜槠-木荷林，群落优势种很明显，同时稀有种也很丰富，群落垂直结构层次分明、更新良好，物种的分布主要受地形和土壤养分的异质性制约，没有遭受重大的人为干扰，充分反映了钱江源国家公园常绿阔叶林的原真性。同时，钱江源国家公园核心区内森林群落复杂多样，分布有种子植物1426种，反映了钱江源国家公园的生态系统完整性。钱江源国家公园核心区的常绿阔叶林有很高的系统发育多样性和功能多样性，具有明显的空间异质性，主要受生境过滤和扩散限制影响，反映了老龄林的特点。

——摘自《钱江源国家公园科学研究报告》

中国科学院植物研究所，2018年6月

顶级群落，生生不息

文／朱寅

中国森林面积大约为175万平方千米，森林覆盖率为18.21%。这当中，未因人类活动而导致其生态进程遭受明显干扰的完整森林，只有85317平方千米，仅占国土面积的0.89%。尤其是中国东南部的低海拔地区，人口密集，人类活动频繁，原始森林基本被砍伐殆尽。虽然南方森林覆盖率大大高于北方，但绝大部分都是受到人类活动干扰的次生林和人工种植的森林，真正意义上的原始森林，在中国已经很难见到了。

北京大学哲学系教授刘华杰认为，一片好的、珍稀的森林应当满足三个条件：其一，是大自然自己生长出来的；其二，生长了足够长的时间；其三，有足够大的面积。在经济大发展的今天，满足这三个条件的森林显然不会多。

钱江源国家公园便是其中之一，这里依然保存着大面积集中连片的低海拔（海拔260~800米）中亚热带原生常绿阔叶林。据中国科学院植物研究所研究结果表明，这里的常绿阔叶林是典型的甜槠-木荷林，群落优势种非常明显，稀有种极其丰富，群落垂直结构层次分明、更新良好，物种的分布主要受地形和土壤养分的异质性制约，没有遭受重大的人为干扰；这里的森林群落复杂而富有多样性，分布有种子植物1677种，仍然保持着生态系统的原真性和完整性。这在中亚热带，尤其是中国东南地区是十分罕见的。

植物基因库

宋朝宰相李纲的《含笑花赋》如是说："南方花木之美者，莫若含笑。绿叶素荣，其香郁然。是花也，方蒙恩而入幸，价重一时。花生叶腋，花瓣六枚，肉质边缘有红晕或紫晕，有香蕉气味花期。花常若菡萏之未放者，即不全开而又下垂。凭雕栏而凝采，度芝阁而飘香……"

"不教心瓣染尘埃，玉蕊含羞带笑开。自有幽魂香入骨，此花应是在瑶台。"野含笑属木兰科含笑属植物，是省级重点保护珍稀濒危野生植物，已被列入《浙江省重点保护野生植物名录》（第一批），野外生存数量十分稀少。王母的瑶池有没有含笑，我等凡人不得而知。但是钱江源国家公园的原始森林中，却有一片树龄超过百年，在全国都是十分罕见的野含笑林。每年

五六月间，含笑花开。初开时，一片纯白甚是雅洁，慢慢变得金黄，花边上的红晕宛如少女微笑时脸上的羞云；香气虽浓，却不浊腻，沁人心脾。

除了野含笑，钱江源国家公园还是珍稀野生植物香果树、南紫薇的种群集中保留地，其群落林龄之古老、群体之大、分布之集中，在全国也属少见，另有国家二级保护野生植物长柄双花木，分布面积达 5000 多亩①，为全国分布最多、最集中的地方。

据现有资料统计，钱江源国家公园共有高等植物 2234 种：苔藓植物 382 种（浙江新记录 12 种），蕨类植物 175 种，种子植物 1677 种。其中，种子植物中我国特有属 14 个，浙江植物区系中仅见于钱江源国家公园的种类 10 种；共有珍稀濒危野生植物 90 种，其中，国家一级重点保护野生植物 1 种（南方红豆杉），国家二级重点保护野生植物 34 种。产自古田山或钱江源的模式标本有古田山鳞毛蕨、开化鳞毛蕨、石灰花楸、浙江红山茶、短茎萼脊兰、开化葡萄 6 种。

2002 年 3 月，时任中国科学院植物研究所所长、现任世界自然保护联盟（IUCN）亚洲区会员委员会主席、中国科学院生物多样性委员会副主任兼秘书长、中国植物学会副理事长、《生物多样性》主编的马克平研究员带领国内生态学界的顶尖专家考察古田山生态资源，对古田山保存如此完好的森林植被惊叹不已，特别是对低海拔的原生常绿阔叶林植物群落赞不绝口。

独一无二的森林过渡带

钱江源国家公园的植被很有特色：兼有华东、华南、华中、华北等地的植物成分，形成了独特的白际山脉山地特色的植被类型。

钱江源国家公园地处中亚热带中部，自然而然具备了华南区系的一些重要科属，如壳斗科的栲属、石栎属、青冈属；樟科的樟属、楠属、润属；木兰科的木莲属、含笑属；金缕梅科的蚊母树属；冬青科的冬青属；杜英科的杜英属、猴欢喜属；山茶科的山茶属、黄瑞木属、厚皮香属、红淡比属；紫金牛科的紫金牛属、铁仔属；山矾科的山矾属等。

然而，这里的山体地形经过多次地壳运动后，呈东北向西南走向，北、东、西三面群峰环绕。东北方由于无高山阻挡，北方寒流可以长驱直入南下，一些温带性质的华北植物成分也随之渗入。常见与华北共有的种类有：桑、构树、榔榆、臭椿、香椿、黄连木、臭牡丹、连香树、板栗、色木槭等。

---

① 1 亩 =1/15 公顷。以下同。

北温带成分的槭属、椴属、鹅耳枥属是华北区系的重要内容，在这里也获得较大的发展。

从植被的垂直分布来看，这里植被涵盖中亚热带常绿阔叶林、常绿落叶阔叶混交林、针阔叶混交林、针叶林、亚高山湿地等 5 种类型。每一种类型中均有自己的独特种类，这里的常绿阔叶林从外貌、结构和种类组成上看，均具有我国典型常绿阔叶林的基本特征。

所以说，钱江源国家公园的常绿阔叶林是联系华南到华北植物的典型过渡带，是华东地区重要的生态屏障。

随感：

远山如黛连绵不绝，溪水潺潺蜿蜒奔流，山雨如风说来就来，宛若世外的山村田野……

人为什么会对原始森林情有独钟？心理学家认为这是人对『自然界的处女情结』。或许，人类的祖先是从森林中走出来的，无边无际而壮美的森林，在我们的意识中象征着神圣、浪漫与永恒。

午后，我独自走进古田山。青石板台阶上铺着一层厚密而细软的落叶腐质，远处隐约传来白鹇那略嫌粗糙的叫声，秋日的阳光从林窗射入，像闪亮的剑一样将缠绕在林下灌丛、藤草间的雾气劈开，光影交织、五彩斑斓。这一刻，且忘却尘世烦恼，尽情享受森林的洗礼！

小贴士 钱江源国家公园三大珍稀植物群落

香果树

茜草科香果树属落叶大乔木，孑遗植物，原生种为国家二级重点保护野生植物。圆锥状聚伞花序顶生；花芳香；蒴果长圆状卵形或近纺锤形。香果树喜温和或凉爽的气候、湿润肥沃的土壤。其树姿优美，花色艳丽，是很好的观赏植物。

花

果

群落

花

野含笑

木兰科含笑属乔木，高可达 15 米。叶革质，狭倒卵状椭圆形、倒披针形或狭椭圆形，花梗细长，花淡黄色，芳香；花被片 6 片，倒卵形。生于山谷、山坡、溪边密林中。花淡黄色，有清香，可作庭园绿化树种。

果

群落

花果

南紫薇

千屈菜科紫薇属落叶乔木或灌木，高可达 14 米；树皮薄，灰白色或茶褐色，无毛或稍被短硬毛。叶膜质，矩圆形，矩圆状披针形，稀卵形，顶端渐尖，基部阔楔形，上面通常无毛或有时散生小柔毛，下面无毛或微被柔毛或沿中脉被短柔毛，有时脉腋间有丛毛。蒴果椭圆形，种子有翅。材质坚密，可作家具、细工及建筑用，也可作轻便铁路枕木；花供药用，有去毒消瘀之效。

叶

群落

小贴士

钱江源国家公园植物类型垂直分布带

1260 米

针叶林

暖性针叶林
马尾松林
温性针叶林
黄山松林

1110 米

针阔叶混交林

暖性针阔叶混交林
马尾松-木荷-甜槠林
马尾松-青冈林
温性针阔叶混交林
黄山松-木荷林
黄山松-细叶青冈林

950 米

常绿落叶阔叶混交林

山地常绿落叶阔叶混交林
短柄枹栎-细叶青冈林
沟谷常绿落叶阔叶混交林
南酸枣-紫楠林
披针叶茴香-紫茎林

800 米

常绿阔叶林

甜槠林
甜槠-青冈林
甜槠-石栎林
甜槠-木荷林
栲树林
野含笑-钩栗林
青冈林
虎皮楠-甜槠林

300 米 古田山最低海拔 171 米

小贴士 如何观察森林群落

1. 植物群落、植被和森林群落

植物群落：在特定空间和环境下，具有特定的外貌、植物种类组成、结构和功能，以及植物与环境之间相互作用的植物复合体。

植被：一定地区内植物群落的总体称为植被，植物群落是构成植被的基本单位。

森林群落：指以树木为优势种类，包含乔木、灌木、草本植物以及动物、微生物等其他生物，占有特定的空间和环境，并显著影响周围环境的生物复合体。

2. 森林群落的分层现象

一般可分为四个层次：

乔木层（主要由乔木种类的成树组成）

灌木层（包括乔木种类的幼树和幼苗、灌木种类）

草本层（由草本种类组成）

地被层（由苔藓、地衣等组成）

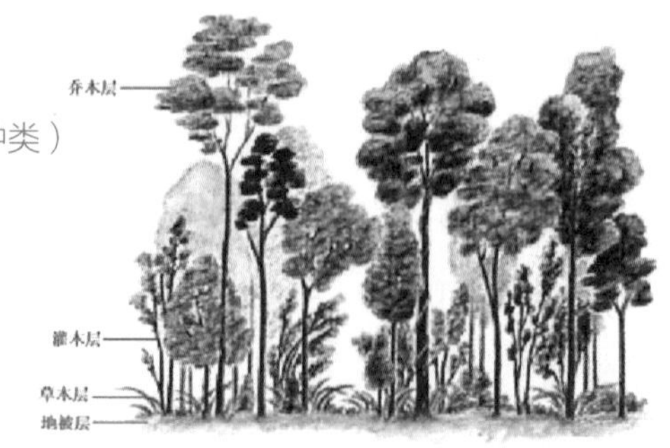

3. 森林群落类型

3.1 按外貌划分

森林群落按乔木层的外貌及其与气候带的关系划分，从地球赤道到两极，可分为雨林、常绿阔叶林、落叶阔叶林、针阔叶混交林、针叶林等类型。

3.2 按形成原因划分

按形成原因可分为原生林、次生林和人工林。

原生林 又称原始林。指未经采伐、培育等人为干扰的天然林。

次生林 森林通过采伐等人为干扰后，自然演替形成的森林，因而又可称天然次生林，它与原生林是相对的。

人工林 指将原始林或次生林人为严重干扰（如采伐或火烧）后由人工种植乔木种类恢复形成的森林。不属于天然林。

发生在裸岩上的演替

原生林形成

常绿阔叶林被砍伐后的演替

次生林形成

小贴士 钱江源国家公园的森林

钱江源国家公园（古田山）植被型组分布图

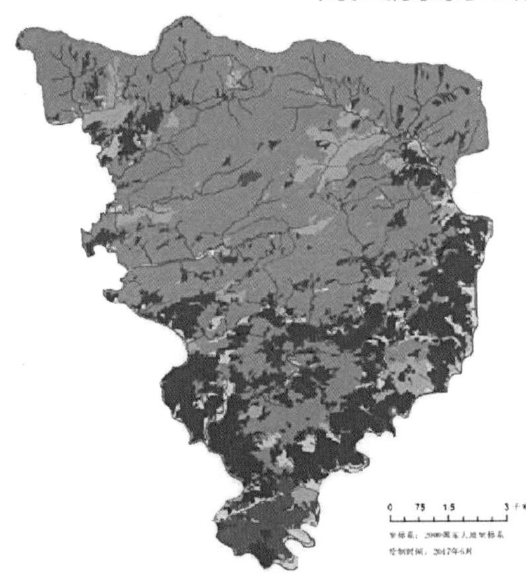

钱江源国家公园的主要森林类型可分为常绿阔叶林、针叶林、针阔叶混交林、常绿落叶阔叶混交林、人工林 5 种。

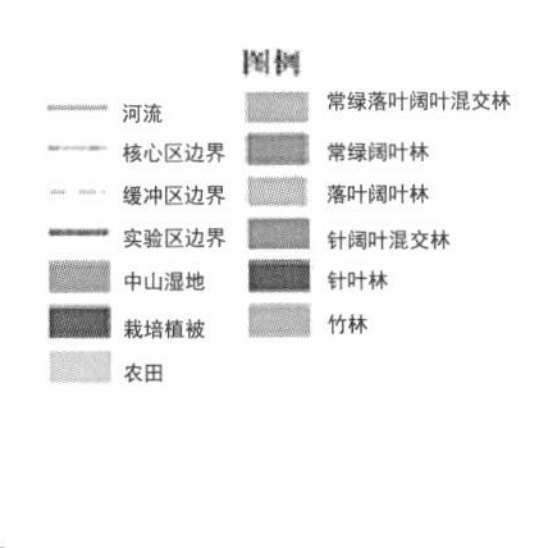

小贴士

钱江源国家公园的珍稀濒危植物一览表

种 名（中名与拉丁名）	所属科	国家重点保护野生植物（第一批，1999）	浙江省重点保护野生植物（2012）	中国植物红皮书（1991）	中国物种红色名录（2004）	中国高等植物受威胁物种名录（2017）
金钱松 *Pseudolarix amabilis*	松科	二级		易危，二级	易危	易危
粗榧 *Cephalotaxus sinensis*	三尖杉科					易危
南方红豆杉 *Taxus chinensis* var. *mairei*	红豆杉科	一级			易危	易危
榧树 *Torreya grandis*	红豆杉科	二级				
华西枫杨 *Pterocarya macroptera* var. *insignis*	胡桃科		√			
长序榆 *Ulmus elongata*	榆科	二级		濒危，二级	濒危	濒危
大叶榉树 *Zelkova schneideriana*	榆科	二级				
祁阳细辛 *Asarum magnificum*	马兜铃科					易危
金荞麦 *Fagopyrum dibotrys*	蓼科	二级				
萍蓬草 *Nuphar pumila*	睡莲科					濒危
短萼黄连 *Coptis chinensis* var. *brevisepala*	毛茛科			渐危	易危	濒危
六角莲 *Dysosma pleiantha*	小檗科	二级	√			
八角莲 *Dysosma versipellis*	小檗科	二级		渐危，三级	易危	易危
三枝九叶草 *Epimedium sagittatum*	小檗科		√			
鹅掌楸 *Liriodendron chinense*	木兰科	二级		渐危，二级	易危	
黄山玉兰 *Yulania cylindrica*	木兰科			渐危	易危	
厚朴 *Houpoea officinalis*	木兰科	二级			易危	
野含笑 *Michelia skinneriana*	木兰科		√			
香樟 *Cinnamomum camphora*	樟科	二级				
闽楠 *Phoebe bournei*	樟科	二级		渐危，三级	易危	易危
建宁金腰 *Chrysosplenium jienningense*	虎耳草科					濒危
牛鼻栓 *Fortunearia sinensis*	金缕梅科					易危
杜仲 *Eucommia ulmoides*	杜仲科		√	易危		易危
野大豆 *Glycine soja*	豆科	二级		渐危，三级		
山豆根（胡豆莲） *Euchresta japonica*	豆科	二级		渐危，二级	濒危	
花榈木 *Ormosia henryi*	豆科	二级			易危	易危
野豇豆 *Vigna vexillata*	豆科					
长柄双花木 *Disanthus cercidifolius* subsp. *longipes*	金缕梅科	二级				

毛红椿 *Toona ciliata*	楝科				易危	易危
稀花槭 *Acer pauciflorum*	槭树科					易危
三叶崖爬藤 *Tetrastigma hemsleyanum*	葡萄科		√			
密花梭罗 *Reevesia pycnantha*	梧桐科		√			易危
长叶猕猴桃 *Actinidia hemsleyana*	猕猴桃科					易危
小叶猕猴桃 *Actinidia lanceolata*	猕猴桃科					易危
紫茎 *Stewartia sinensis*	山茶科			易危		
红淡比 *Cleyera japonica*	山茶科		√			
秋海棠 *Begonia grandis*	秋海棠科		√			
中华秋海棠 *Begonia grandis* subsp. *sinensis*	秋海棠科		√			
吴茱萸五加 *Gamblea ciliata* var. *evodiifolia*	五加科					易危
天目地黄 *Rehmannia chingii*	玄参科					濒危
香果树 *Emmenopterys henryi*	茜草科	二级		稀有，二级	近危	
曲轴黑三棱 *Sparganium fallax*	黑三棱科		√			
薏苡 *Coix lacryma-jobi*	禾本科		√			
短穗竹 *Semiarundinaria densiflora*	禾本科			稀有	易危	
黄精叶钩吻 *Croomia japonica*	百部科		√			濒危
华重楼 *Paris polyphylla* var. *chinensis*	黎芦科	二级	√			易危
狭叶重楼 *Paris polyphylla* var. *stenophylla*	黎芦科	二级	√			
延龄草 *Trillium tschonoskii*	黎芦科		√			
白及 *Bletilla striata*	兰科	二级			易危	濒危
钩距虾脊兰 *Calanthe graciliflora*	兰科				易危	
蕙兰 *Cymbidium faberi*	兰科	二级			易危	
多花兰 *Cymbidium floribundum*	兰科	二级			易危	易危
寒兰 *Cymbidium kanran*	兰科	二级			易危	易危
春兰 *Cymbidium goeringii*	兰科	二级			易危	易危
斑叶兰 *Goodyera schlechtendaliana*	兰科				近危	
十字兰 *Habenaria schindleri*	兰科					易危
短距槽舌兰 *Holcoglossum flavescens*	兰科				易危	易危
长唇羊耳蒜 *Liparis pauliana*	兰科				易危	
筒距舌唇兰 *Platanthera tipuloides*	兰科				近危	
短茎萼脊兰 *Sedirea subparishii*	兰科				濒危	易危
带唇兰 *Tainia dunnii*	兰科				近危	
东亚舌唇兰 *Platanthera ussuriensis*	兰科				近危	

小贴士 钱江源国家公园的主要珍稀濒危植物

南方红豆杉 *Taxus chinensis* var. *maimnei*

红豆杉科　红豆杉属

常绿乔木，高达 30 米。又名紫衫，国家一级重点保护野生植物，有“植物大熊猫”之美誉。为 250 万年前第四纪冰川时期遗留下的濒危物种，是植物中的活化石。秋季成熟的种子包于鲜红的假种皮内，散布枝上鲜艳夺目。散生于海拔 450～1500 米的常绿阔叶林或混交林内，主要分布在长江以南的省份，有很高的观赏、科研和开发利用价值，含有抗癌物质紫杉醇，是目前已发现的最好的天然抗癌药物。

金钱松 *Pseudolarix amabilis*

松科　金钱松属

落叶乔木，高达 40 米。中国特有单种属植物，国家二级重点保护野生植物。著名的古老残遗植物，由于气候的变迁，尤其是更新世的大冰期的来临，使各地的金钱松相继灭绝，只在中国长江中下游的少数地区幸存下来。短枝上的叶片簇生，辐射平展成圆盘状，秋后变金黄色，圆如铜钱，因此得名。散生于海拔 100～1500 米地带的针叶林、阔叶林中，零星分布于华东和华中等地区，为全世界珍贵的观赏树木之一，具有很高的保护和利用价值。

榧树 *Torreya grandis*

红豆杉科　榧树属

常绿乔木，高达 25 米。中国特有树种，国家二级重点保护野生植物。远古孑遗植物，在神秘而古老的侏罗纪时代便早已存在，与恐龙一起生活过。叶条形，列成 2 列；种子成熟时假种皮呈淡紫褐色。生长于海拔 400～800 米含有针叶树的阔叶混交林中，主要分布在华东和西南的部分省份，其中以浙江省占据首要地位。具有很高的食用、药用、材用、观赏、科研等价值。在浙江诸暨及东阳等地栽培历史悠久，经劳动人民长期的培育选择，选出了香榧那样种粒大、品味佳、丰产的优良类型。

长柄双花木 *Disanthus cercidifolius* subsp. *longipse*

金缕梅科 双花木属

落叶灌木，高2～4米。单种属植物，国家二级重点保护野生植物。叶片的宽度大于长度；阔卵圆形，头状花序上具有2朵对生的花，花瓣红色，狭长带形，冬季开花，先开花后长叶。生长于海拔450～1200米的阔叶林中，仅分布于浙江、湖南和江西三省。每当金秋时节，长柄双花木树叶变红，点缀于青翠的常绿阔叶树种间，景色十分秀丽，具有很高的观赏和研究价值。

长序榆 *Ulmus elongata*

榆科 榆属

落叶乔木，高达30米。我国特有树种，国家二级重点保护野生植物，数量极少，濒临灭绝，被列入全国极小种群野生植物。与本属其他种的区别在于花序轴明显地伸长下垂。生长于海拔600～1000米地带的山地阔叶林中，零星分布于浙江、安徽、福建和江西四省。具有重要的科研和开发利用价值，是研究北美和东亚之间植物区系的珍贵材料。

厚朴 *Houpoea officinalis*

木兰科 厚朴属

落叶乔木，高达20米。国家二级重点保护野生植物，叶大，近革质，长圆状，成熟个体的叶先端凹缺，成2钝圆的浅裂片；花白色，直径10～15厘米，有芳香气味。生长于海拔300～1400米的山地林间，主要分布在长江以南各省份。树皮为著名中药，具有很高的观赏、经济和药用价值。

八角莲 *Dysosma versipellis*

小檗科 鬼臼属

多年生草本，植株高0.4～1.5厘米。国家二级重点保护野生植物。叶片呈盾形掌状；花深红色，5~8朵簇生于离叶基部不远处，下垂。生长于海拔500～800米的山坡林下，主要分布于华东、华南及西南的部分省份。八角莲是民间常用的中草药，具有特殊的解毒功效，有很高的药用和观赏价值。

闽楠 *Phoebe bournei*

樟科 楠属

常绿乔木，高达 15~20 米。中国特有种，国家二级重点保护野生植物。叶革质，上面发亮，下面有短柔毛；果实卵圆形，成熟后呈紫黑色。生长于海拔 1000 米以下的常绿阔叶林中，主要分布在长江以南各省份。木材有芳香气味，经久不腐，素以材质优良而闻名，是中国珍贵的用材树种。

山豆根 *Euchresta japonica*

豆科 山豆根属

藤状灌木，高 0.3~1 米。国家二级重点保护野生植物。三出复叶，茎上常生不定根。生长在海拔 700~1200 米的深山常绿阔叶林下及阴湿山坡上，仅分布于中国和日本，在我国零星分布于华东、华南和西南的部分地区。具有重要的药用和研究价值，对研究豆科植物发育及中国—日本植物区系等有重要意义。

毛红椿 *Toona ciliata*

楝科 香椿属

落叶乔木，高 4~15 米。叶为偶数或奇数羽状复叶。果实长椭圆形，具稀疏皮孔，晒干后呈紫褐色。材质花纹美丽，在国际上被誉为“中国桃花心木”。多生长于低海拔至中海拔的山地密林或疏林中，零星分布于华东、华中和西南的部分地区。其树干通直圆满，是珍贵的用材树种。

野大豆 *Glycine soja*

豆科 大豆属

一年生缠绕草本，长 1~4 米。国家二级重点保护野生植物。三出复叶，茎和小枝上疏生褐色长硬毛。生长于海拔 150~2650 米的地区，分布较广，几乎遍布全国，但近年来由于受到人为干扰的影响，野大豆自然分布区域日益缩减。野大豆具有许多优良形状，如耐盐碱、抗寒、抗病等，营养价值高，可利用野大豆进一步培育优良的大豆品种。此外，野大豆全草还可药用，具有非常高的药用价值。

花榈木 *Ormosia henryi*

豆科 红豆属

常绿乔木，高达 16 米。国家二级重点保护植物。其木纹有若鬼面者，类狸斑，又名“花狸”。种子成熟时，种皮呈鲜红色。枝条折断时有臭气，浙南俗称“臭桶柴”。生长于海拔 100~1300 米的山坡、溪谷两旁杂木林内，主要分布于华东、华中和西南的部分地区。花榈木是重要的用材、药用、绿化和防火树种。

大叶榉树 *Zelkova schneideriana*

榆科 榉属

落叶乔木，高达 35 米。国家二级重点保护野生植物，叶厚纸质，大小形状变异很大，老树材常带红色，故有“血榉”之称。常生长于海拔 200~1100 米的溪间水旁或山坡土层较厚的疏林中，分布较广，除东北、华北和香港、澳门、台湾地区外，其他地区都有分布。榉树具有很高的经济和药用价值，是很好的园林和造林树种。

小贴士 钱江源国家公园的优势植物

乔木

甜槠 *Castanopsis eyrei*

米槠 *Castanopsis carlesii*

木荷 *Schima superba*

苦槠 *Castanopsis sclerophylla*

钩锥 *Castanopsis tibetana*

马尾松 *Pinus massoniana*

灌木

檵木 *Loropetalum chinense*

阔叶箬竹 *Indocalamus latifolius*

毛柄连蕊茶 *Camellia fraterna*

浙江红山茶 *Camellia chekiangoleosa*

白檀 *Symplocos paniculata*

庭藤 *Indigofera decora*

草木

里白 *Diplopterygium glaucum*

凤尾蕨 *Pteris cretica* var. *nervosa*

狗脊 *Woodwardia japonica*

金星蕨 *Parathelypteris glanduligera*

芒萁 *Dicranopteris pedata*

多花黄精 *Polygonatum cyrtonema*

中国森林大样地

文/朱寅

如果一片森林的物种多样性非常丰富，那么这时失去一种树，对整个森林生产力产生的影响并不是太大；但如果一片森林在已经失去很多种树的时候，树种仍然继续变少，那么对整个森林生产力产生的打击就会越来越大。用数据来讲，如果全球性的树木物种减少10%，那么森林的生产力会下降2%～3%；而如果在比较极端的情况下，树木只剩下一种了，哪怕全球的树木总数维持不变，森林的生产力也还是会下降26%～66%。

这就是美国西弗吉尼亚大学（West Virginia University）的梁晶晶教授和83位来自不同国家和地区的研究者，在收集了44个国家和77块样地后得出的结论，他们将这项研究成果发表在了《科学》（《Science》）杂志上。森林的物种多样性越丰富，树木就会生长得越好，带来的生态、经济效益越高。研究者特地估算了生物多样性在维持森林生产力方面的经济价值——相当于每年1660亿到4900亿美元！

《2010年全球森林资源评估》告诉我们，世界森林总面积仅略超过40亿公顷，占陆地总面积的31%。然而，在人类采伐和气候变化等因素的夹击之下，全球约一半的树木种类正在遭受威胁。物种多样性的持续缺失会加剧森林的衰退。如何尽可能地保护森林资源，已成为亟待解决的关键问题。

中国森林生物多样性监测网络

为了更好地研究中国森林生物多样性、物种共存或群落构建机制，2004年起我国开始建设中国森林生物多样性监测网络（CForBio），在各方面的共同努力下快速发展，至今已成为全球森林生物多样性研究最活跃的组成部分，为科研活动提供了独特的研究平台。

目前，我国大于15公顷的森林生物多样性监测网络样地有18个，1～5公顷的辅助样地50多个，样地面积达到538.6公顷，监测木本植物227.9

万株，隶属于 1737 种，从大兴安岭到西双版纳，比较好地覆盖了中国从寒温带到热带的地带性森林类型。这当中，由中国科学院植物研究所和浙江大学联合建立的古田山森林大样地，是我国最早建立的五个大样地之一。大型森林动态样地已经从建立之初以植物群落生态学研究为主发展成多学科交叉的生物多样性科学综合研究平台。

2002 年，马克平第一次来到古田山，立刻意识到这是一个十分珍贵的森林生态系统类型。2002 年，中国科学院植物研究所联合浙江大学、古田山保护区建立了 5 公顷样地，2004 年又建成了一块 24 公顷的森林大型动态样地。样地长 400 米，宽 600 米，区域内每一棵胸径 1 厘米以上的树，研究人员都将其定位、单独编号、单独挂牌、测量胸径，每 5 年复查一次。目前，古田山共建有 24 公顷固定监测样地 1 个、5 公顷样地 1 个、1 公顷样地 13 个、30 米 ×30 米样地 27 个、20 米 ×20 米样地 400 个，满足不同科研项目的需要。

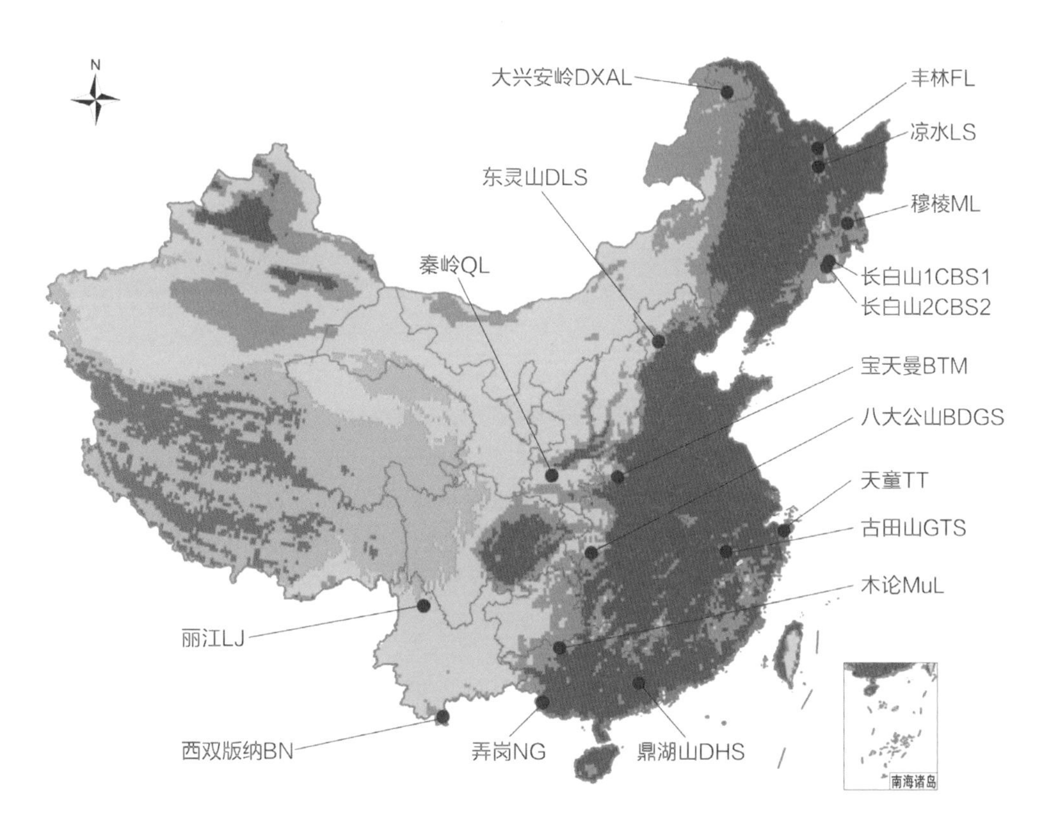

中国森林样地分布图

2004 年建成的 24 公顷森林大型动态样地，是我国森林生物多样性监测网络成员之一，也是世界热带森林研究中心（CTFS）监测网络的重要组成部分。

其中，24 公顷大样地是我国森林生物多样性五大固定监测样地之一（东灵山、古田山、长白山、西双版纳、鼎湖山），是中国森林生物多样性监测网络成员之一，也是美国史密森热带森林研究中心（CTFS）监测网络的重要组成部分。

古田山大样地：研究生物多样性的范本

森林的物种多样性越稀缺，对森林产生的打击就会越来越大，甚至会导致土壤条件和光环境发生很大变化。

那么如何判断森林是否具有物种多样性呢？一个植物群落由不同的稀有种和常见种组成，稀有种在森林里个体数很少，定义上为每公顷平均个体数小于 1 棵。稀有种越多，代表森林生物多样性越丰富。

古田山稀有种比例非常高。以 24 公顷大样地为例，样地内共有 159 个木本植物物种，57 个物种的个体数小于 24 棵，稀有种占总物种数的 35.8%。而整座古田山的高等植物有 2234 种，不愧于“物种基因库”的美誉。据马克平介绍，统计物种仅仅是森林样地的研究工作中最基础的一个环节，揭示自然规律是科学研究的重要目标。“以往的森林样地调查，并没有记录空间分布的信息。而我们在古田山的样地则开始记录空间分布信息，从而揭示物种共存机制。植物的生长和人与人之间相处是一样的道理。如果两个人脾气相合，在一起就会很愉快；性格不合的人在一起也许会互相不搭理甚至吵闹打架。不同的树种，有的在一起都长得快，有的一个快一个慢，也有可能两个都慢。这就是物种共存机制，只要我们掌握了这些正相关和负相关的规律，就能更好地服务于产业，在植树造林的时候，也可以有针对性地选择了。”

马克平的团队发现了很多树种相互作用的规律。比如，古田山的优势物种甜槠和毛柄连蕊茶、腺蜡瓣花、杨梅叶蚊母树、短柄枹、红楠，灌木柳叶蜡梅、窄基红褐柃都是负的相互关系，却和优势种木荷、虎皮楠、马银花、灌木映山红是正的相互关系。木荷和虎皮楠、马尾松、马银花都是正的相互关系，但是和柳叶蜡梅、杨梅叶蚊母树、浙江红山茶、红楠等为负的相互关系。

先锋物种马尾松和绝大多数树种成负相关，如浙江红山茶、栲树、杨梅叶蚊母树、鹿角杜鹃、黄檀、马银花、野漆树等，但是和栲树呈正相关，且小苗期间最佳距离在 55 厘米，如果间隔 1 米以外，就没有相互作用了。相比较乔木、小乔木优势树种，灌木的优势物种与绝大多数木本植物由于空间垂直生态位差异大，成正相关，只与少数物种呈现负相关，比如，马尾松、虎皮楠、灰白蜡瓣花、野含笑。

2009 年，由中国国家自然科学基金委员会和德国科学基金会联合资助的“中国亚热带森林生物多样性与生态系统功能实验研究”项目，在江西德兴新岗山建立了大型森林控制试验样地，建设过程中大量运用了古田山样地的研究成果。

森林的绿色与海洋的蓝色交相辉映，它们可能是这个星球上生物多样性最复杂的地区，生态价值无须赘述。

“气候先锋”之中国区域性气候研究中心

文／朱寅

初冬时节，古田山深处的亚热带常绿阔叶林内，一群人正在紧张地工作着。

“栲树，横坐标 2.3 米，纵坐标 1.5 米，胸径 3.3 厘米。”一位姑娘报出一组数据，一旁的小伙子麻利地把一块刻好编号的金属牌挂在这棵树上。

也许出乎你的意料，他们既不是这里的工作人员，也不是研究植物的科学家，而是汇丰银行的员工。一群“银行家”，为什么会出现在古田山，干起植物学家的活来？

汇丰银行于 2007 年宣布启动“汇丰与气候伙伴同行”项目，与气候组织、地球观察研究所、史密森尼热带研究中心和世界自然基金会四家环保机构，在应对气候变化方面开展合作。其中，地球观察研究所的中国项目获得了 600 多万美元，与中国科学院植物研究所合作，在古田山建立了中国区域性气候研究中心。

3 年时间内，中国科学院植物研究所总共培训了 40 个“气候先锋”团队，每个团队 12 个人，共计 480 人，他们都是汇丰银行亚太国家的员工，来自澳大利亚、新加坡、马来西亚以及中国台湾、中国香港等多个国家和地区，他们都是利用自己的假期，来古田山体验两周的“业余科学家”生活。

众所周知，气候变暖的核心问题是碳排放。使用化石能源排放的二氧化碳，约有 25% 被植物存储和转化，所以说森林是很好的碳汇。研究不同树种的生态功能，不同类型的森林如何响应气候变化，探索可持续森林管理模式，可以使中国的植树造林工作和森林面积的增加所带来的生态效益最大化。

根据项目计划，中国科学院植物研究所的科学家在古田山设置 13 个 1 公顷的长期监测样地，分别代表 4 种不同人类干扰程度的类型。而“气候先锋”的任务，就是协助科研人员采集数据：首先，在仪器的帮助下，他们将陡缓不一的山地依水平距离划出 20 米 ×20 米的样方，接着，再划 16 个 5 米 ×5 米的小格子；然后，测量树木胸径，辨别树种，确定坐标，做出标志，所有胸径大于 1 厘米的树都必须记录下来，并做好标记，以便研究人员跟

“气候先锋”协助科学家采集数据

踪每一棵树的生长情况。

每公顷样地中，还放置了15个直径75厘米的塑料筐，用来收集落叶、残枝、坠落的树种、树皮及虫粪等。每周“气候先锋”或古田山的工作人员会把这些残体带到实验室进行分类称重，活树的固碳量，加上这些残体的含碳量，最后测算的碳数据才可能是完整的。5年后，科学家再次测量这棵树的胸径，然后依据不同树种来计算5年里这棵树固定了多少碳。

尽管研究气候变化对森林生态的影响往往要经过漫长的等待，才能看到结果，但行动总比不行动好。

虽然业余科学家的生活只有短短2周，但“气候先锋”却是终生的责任。汇丰员工回到工作岗位后，把环保精神贯彻到日常生活工作中，影响自己的同事、家人和朋友。汇丰银行北京分行的一位“气候先锋”，办了一个“碳中和”的婚礼——要求参加婚礼的亲朋好友都乘坐公共交通工具以减少碳排放，婚礼后又种了几十棵树来抵消婚礼带来的碳排放；上海总部贸易供应链部门的“气候先锋”陈慧雯则计划联合汇丰全球2000个气候先锋、2万个社区的志愿者、20万个气候学习者，设计出一种更绿色的金融产品。

树梢上的实验室

文/朱寅

相信地球上绝大多数地方已经有人类涉足，并留下了文明的痕迹。但是仍有三个地方，或者说三种生境类型，由于缺乏技术手段进行调查，虽然生物物种最丰富，却最鲜为人知。

第一个是深海。我们经常能听到这样一句话：人类对深海的探索程度，还不及太空，蛟龙号下潜，便经常会发现新的物种；第二个生境类型叫做沉积物，比如，土壤层、河底泥，里面生活着很多无脊椎动物、昆虫、微生物等，是我们不知道的；第三个就是林冠，即森林冠层。

从字面意义上解读，林冠就是指“森林中树木的上部枝叶相互连接成一大片”的区域。林冠是地球上物种最丰富的地方，有些神奇的生物只生活在树顶。林冠在森林与大气的物质、能量交换过程中发挥着至关重要的作用，它对环境变化极为敏感，具有生物指示作用，甚至被学界视为地球的“第八大洲”。在人类活动和全球气候变化加剧的背景下，森林生态系统正面临着严重的威胁，首当其冲的就是林冠及其附生生物群落。

研究林冠的前提是必须想办法到达树顶。钱江源国家公园的常绿阔叶林高二三十米，而热带雨林某些树种如望天树能长到八九十米。即便科学技术发展到今天，林冠也被称作是最后的生物学前沿，因为太难上去了！

研究林冠的多种招数

为了研究林冠，科学家们凭着排除万难的钻研精神，可谓是无所不用其极，想出了多种招数。

第一招：梯子。听上去很简单，但仔细想想，几十米高的树，用梯子爬其实是比较危险的。

第二招：爬刺。这是一种十分简单的装备，科学家爬树的时候，穿上一个内侧带刺的靴子，将护具绕过树干绑在腰上就可以了。但这种方法往往会伤害到树木和树干上的附生生物，而且也不适用于森林里那些胸径非常粗的大树，因此现在基本被淘汰了。

建成后的古田山森林塔吊，高度60米，臂长60米，既能水平延伸又可垂直起降，还可以360度转动，覆盖超过约1.13公顷林冠。

第三招：单绳攀爬。这种由洞穴探险发展而来的技术，需要先用弹弓、弓箭或十字弓，把攀岩绳射到树顶上，然后再通过牵引绳把攀岩绳拽上去。人就沿着攀岩绳一点一点爬上去了。因为工具比较简单，攀爬可以算是过去运用得比较广泛的林冠研究方法了。除了对科学家的体力和攀爬技术要求极高外，一切都好。

第四招：热气球。听起来很浪漫，但问题在于热气球容易被风吹动，不是很稳定，而且价格不菲。

第五招：空中走廊。既然烧钱的热气球都用上了，那何不再多花点钱，一劳永逸呢？于是在西双版纳热带雨林里，科学家在树与树之间搭了一条空中走廊，通过连接不同的望天树，在树顶形成了一条 500 米长的小路，可以方便地到达林冠进行研究。但是因为走廊不能挪动，观察到的范围十分有限。

第六招：铁塔。思路和空中走廊是一样的，在森林中修一个铁塔，一直达到林冠。铁塔上通常会装上好多测量仪器，实时监测记录数据。一些科学家将铁塔和空中走廊相结合，用铁塔作为空中走廊的支撑，形成更加高效的林冠监测系统。缺点和空中走廊一样，费用高，无法移动，不适合定位动态监测。

塔吊——树梢上的实验室

技术发展到今天，科学家终于放大招了！想必大家都见过盖高楼的塔吊，在钢铁水泥的城市森林里，离开塔吊就不可能有那些高耸入云的摩天大楼。而现在，科学家们直接把塔吊搬进了森林里。

西双版纳自然保护区早在 2014 年就在热带雨林里建成了近 90 米高的林冠塔吊。为什么建得这么高？那是因为雨林的森林有七八十米高，而塔吊必须高过林冠。塔吊的臂展有 60 米长，上面挂着一个搭载科研人员的工作轿厢，既能水平延伸又可垂直起降，还可以 360 度转动覆盖超过约 1.13 公顷的林冠。也就是说，这个区域里的林冠基本可以做到全方位无死角地采样、观测和研究。

科学家还可以将激光雷达、高光谱等各种先进的仪器，安放在林冠塔吊的不同位置，从而可以从多个垂直梯度观测层分别对空气温度、湿度、风速等要素进行监测，进行 24 小时全程记录。研究人员通过这些三维空间的监控技术，“全方位、高精度、非破坏、可重复”地为森林测验心肺，诊脉肌体。

请发挥你的想象力：茫茫林海中，矗立着一座钢铁巨塔，你待在轿厢里，缓缓升到九十米高空，放眼望去，起伏的林涛，褶皱的山峦，轿厢随着林风拂过而微微荡漾，让人真正体会一把“提心吊胆”的惊悚感。所以说，搞科研真不容易，以前要学会爬树，现在则需要克服恐高症！

正如深海潜水器是开展海洋生物学研究不可或缺的重器，林冠塔吊系统则是探究林冠生态的重要技术装备。塔吊的建立虽然从外观上给原始森林带来一座异物，但它能确保研究者用“非入侵的方式”不接触树木本身，使监测植物作业所产生的负面影响降到最低。可以说，塔吊是当前阶段研究森林冠层最先进的手段。

目前，全球已有或正建塔吊数量22个，其中，3个废弃，可以使用的有19个。德国莱比锡的林冠塔吊可谓是塔吊中的“王者”，因为它是全世界22个林冠塔吊中唯一有轨道的，能在一条120米长的铁轨上来回走动，这大大扩展了它的研究范围。

建设塔吊的费用也相当可观，一个约三百万人民币。在过去几年间，中国一共建成了7个林冠塔吊，它们分别在长白山、古田山、八大公山、栗子坪、哀牢山、西双版纳、鼎湖山，从温带到热带，较好地覆盖了我国的森林类型，它们的投入使用将在林冠小气候、林冠生物多样性和物种共存等领域发挥重要作用。

钱江源国家公园的塔吊坐落在古田山，建成于2018年5月，从此开启这片绿野仙踪的新征程。

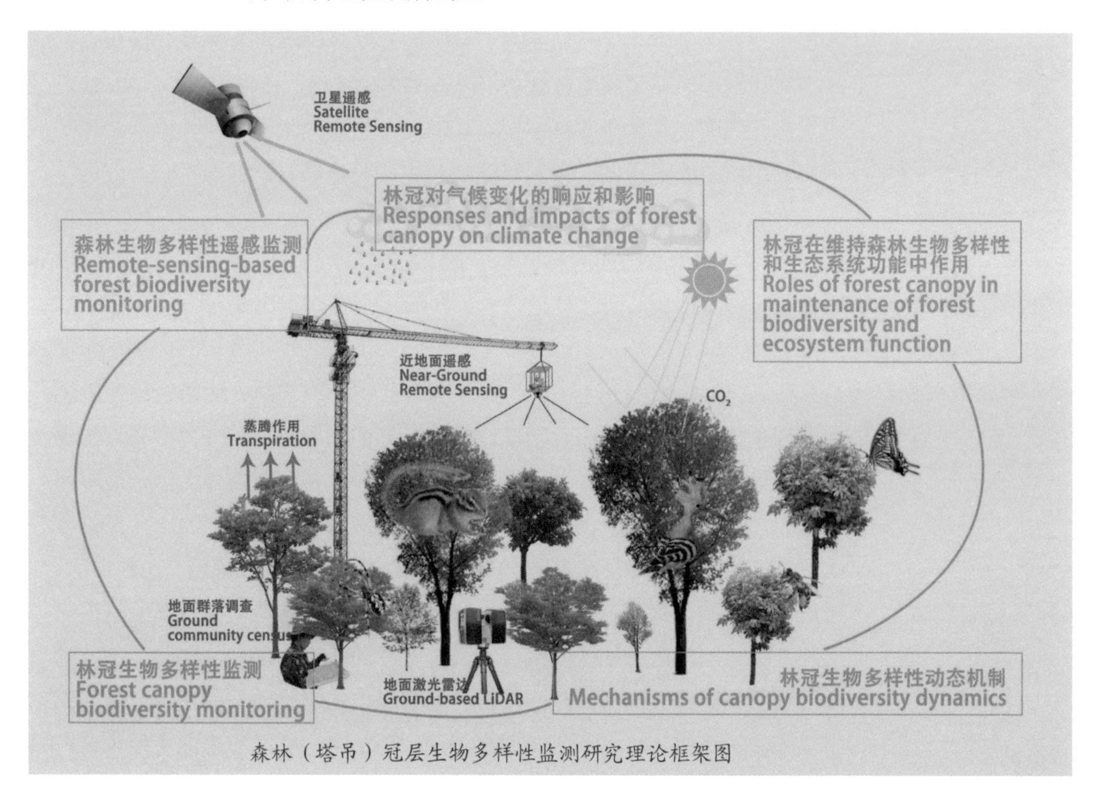

森林（塔吊）冠层生物多样性监测研究理论框架图

链接一：古田山中亚热带常绿阔叶林研究对生物多样性维持和保护的启示

……马克平（中国科学院植物研究所研究员）

亚热带常绿阔叶林是独特类型的森林植被，代表性强，在我国分布面积大，约占我国国土面积的四分之一，亚热带常绿阔叶林的高等植物种类特别丰富，我国种子植物 56.9% 的属分布在该地区（中国植被编辑委员会，1980），239 个种子植物特有属主要分布于亚热带地区（吴征镒等，2005）。

常绿阔叶林的生物多样性维持机制一直是生态学家关注的核心问题之一（宋永昌等，2005；丁圣彦，宋永昌，2004）。但由于人口爆炸和经济快速发展对森林资源造成的巨大压力，我国只有不到 2% 的森林是未受干扰的老龄林，大多数残存在中高海拔地区 (Liu,2006)。古田山自然保护区目前还保存着很好的低海拔（海拔 200～800 米之间）天然常绿阔叶林，这在中亚热带东部地区十分少见，因此古田山的常绿阔叶林极具典型性和代表性。

古田山自然保护区共有 244 科 897 属 1991 种高等植物，区系起源古老，孑遗植物多，地理区系成分复杂，国家一、二级保护植物 18 种（楼炉焕，金水虎，2000；陈建华，冯志坚，2002），是研究生物多样性维持和保护理想的场所。有鉴于此，中国科学院植物研究所联合浙江大学、浙江师范大学和古田山国家级自然保护区等单位于 2004 年 10 月到 2005 年 9 月期间在古田山典型常绿阔叶林区建立的 24 公顷样地，成为中国森林生物多样性监测网络的核心研究样地之一，在国际上也具有比较高的知名度。

自从 2005 年古田山样地建立以后，相继开展了种子雨、幼苗、凋落物、土壤理化性质、树木生长、功能性状等多方面的监测，另一方面先后与美国史密森热带研究所、加拿大的阿尔伯塔大学、密西根州立大学开展了国际合作，举办和参加了多次国际培训，加强能力建议，在理论上和保护方面取得了重大的进展。在古田山样地建立以前，有生态位理论、中性理论、密度制约机制等解释热带巨大的生物多样性，但是这些假说或理论的提出大都基于对热带雨林地区的研究，具有明显的地域局限性，由于环境条件和物种生物学特性的不同，热带雨林地区得出的结论并不能简单地应用到中亚热带常绿阔叶林。我们通过对古田山常绿阔叶林 10 年来的长期研究，

这是一片原始的常绿阔叶林，24公顷大样地就建于此。

共发表论文58篇，其中国外主流刊物的文章35篇，国内核心期刊论文23篇，引起国内外学术界的广泛关注。主要成果包括：

首先，生态位理论和中性理论是目前生态学研究中争论的焦点。生态位理论认为，植物群落的结构由植物的个体特性和生境决定。中性理论认为，在热带森林中通常在1公顷的范围内有100多个物种，因此哈勃的中性理论认为，物种都有等同的竞争能力、出生率和死亡率，群落结构由生态漂变和传播限制决定（Hubbell,2001）。中性理论在解释热带群落结构方面取得了巨大的成功。我们通过对古田山样地14万多株胸径大于1厘米以上个体的群落格局进行研究，首次发现生态位过程和中性过程共同决定了常绿阔叶林的群落结构（Shen et al,2009；Cheng et al，2012），生态位过程和中性过程可分别解释常绿阔叶林群落结构中的约30%(Legendre et al,2009；Shen et al,2013)，并且随着生活史阶段的不同有所变化（Lai et al,2009）。

第二，在密度制约研究方面，海亚特对世界不同地区进行的密度制约研究进行综合分析发现，与热带地区较强的密度制约现象相反，在温带森林中只有微弱的证据支持密度制约假说（Hyatt,2003）。我们通过排除了同样影响死亡率的生境异质性，发现古田山的常绿阔叶林群落中 83% 的木本物种的分布格局受到密度制约效应的影响，首次验证了常绿阔叶林中密度制约机制对于生物多样性维持的重要性（Zhu et al，2010）。我们也通过对古田山样地不同生境中 507 个 1 平方米 ×1 平方米幼苗样方中的 6072 个幼苗个体的长期监测，发现密度制约效应显著地影响古田山常绿阔叶林的幼苗动态，密度制约效应能解释幼苗动态的 17.7%，生境分化能解释幼苗动态的 34.6%，即生境分化和密度制约共同解释常绿阔叶林幼苗动态（Chen et al,2010），研究结果被著名学术团体F1000推荐为生态学同行必读文献。

第三，群落的稀有物种与优势物种的共存机制及稀有物种在群落中的作用是生物多样性维持机制和保护焦点问题之一。我们采用群落种间亲缘关系的新方法，利用古田山常绿阔叶林与美洲和非洲的 15 个森林样地进行了比较，结果发现在 9 个干扰较小的森林中的 6 个森林支持生态位分化假说，而 6 个干扰占主导以及其他 3 个干扰较小的森林并不支持该假说。我们还发现，在干扰较小的森林中稀有种比常见种有更高的系统发育多样性，表明稀有物种在群落的生态系统功能方面发挥重要的作用（Mi et al，2012）。该文于 2012 年发表后著名生态学家、欧洲科学院院士凯文·盖斯通（Kevin Gaston）在当年 7 月 5 日在最有影响力的自然科学杂志《Nature》的生态学栏目高度评价了该文，题目是稀有的重要意义（lmportance of being rare），并被 F1000 推荐。

第四，鉴定和量化影响群落物种共存的机制是当今森林生态学研究的热点之一。近年来涌现出大量利用植物功能性状及系统发育信息相结合的方法来探讨森林群落物种共存机制的研究，但少有研究同时将群落中环境因子、扩散限制、系统进化关系和植物功能性状分布格局联系在一起并量化各因子在决定群落物种共存中起的相对作用，特别是在物种多样性高的亚热带森林中。我们通过对物种丰富的古田山亚热带森林中五种重要植物功能性状空间分布聚散性的研究发现样地中大部分性状呈聚集分布，揭示了群落中物种共存的非随机性成因。进一步用方差分解来量化各因子解释量的结果也验证了生境过滤在群落形成中的重要性。空间因子的次重要性也证明了扩散限制亦是决定物种共存的重要因子，而系统发育关系在性状分布中未起到显著作用（Liu et al,2012; Liu et al,2013）。

此外，我们还在宏观生态学与群落生态学结合方面（Ren et al，2013; Lai

et al,2013)，森林的生态系统功能方面(Lin et al,2012，2013)，种子雨(Du et al，2009,2012)等方面进行了研究，我们的主要成果发表于《Ecology Letters》《Ecology》《American Naturalist》《Journal of Ecology》等国际主流刊物，在森林生物多样性维持的研究中作出了重要贡献，受到国内外同行的高度评价。同时，这些理论也为古田山森林生物多样性的保护提供了管理策略基础，如：我们研究发现中性过程的传播限制和生态位过程的生境异质性对常绿阔叶林贡献都很大，那么在生物多样性保护实践中，生境的破碎化会影响种子传播，进而影响常绿阔叶林的生物多样性；同时，减少对森林的干扰，以防止干扰造成的生境同质化引起的生物多样性丧失；我们发现稀有种在群落中比常见种系统发育多样性更高，说明稀有种对森林生态系统功能和服务是不可缺少的重要组成部分，那么在保护实践中保护森林的稀有物种也是生物多样性保护不可缺少的重要环节。

专家介绍：马克平

研究员，博士生导师。1982 年获齐齐哈尔师范学院学士学位，1987 年获东北林业大学硕士学位，1991 年获东北林业大学博士学位。1991 年至 1994 年，在中国科学院植物研究所从事博士后研究。1994 年留所工作。1997 年入选中国科学院“百人计划”，2006 年至 2010 年任中国科学院植物研究所所长。现任中国科学院生物多样性委员会副主任兼秘书长，IUCN 亚洲区域委员会主席，国家林业和草原局国家级自然保护区评审委员会副主任，住房和城乡建设部世界自然遗产专家委员会副主任，北京生态学学会理事长，《生物多样性》主编，《BMC Ecology》《Forest Ecosystems》等刊物编委。在《Ecology Letters》《Global Ecology and Biogeography》《Ecology》等刊物发表论文 300 多篇，主编专著、学术论文集 20 多部；2012 年，获得国家科技进步奖一等奖。

古田山常绿阔叶林及其生物多样性具有全球保护价值，应深入研究，需精心呵护。

马克平

2013-4-22

链接二：中国钱江源国家公园保护地有效性评估

——选自《地球大数据支撑可持续发展目标报告（2019）》

案例分析

中国钱江源国家公园保护地有效性评估

尺度级别：典型地区

研究区域：中国钱江源国家公园

建立自然保护地（Protected Areas, PAs），包括国家公园、自然保护区、各类自然公园等多种形式，是阻止全球生物多样性丧失最为重要的途径。评估保护地对生物多样性保护的有效性通常包括两个层面。首先，在全球、区域或者国家尺度上，评估生物多样性关键区域（Key Biodiversity Areas, KBAs）被保护地覆盖的比例，以确保重要的生物多样性分布区被纳入保护地进行管理和保护。其次，在单个保护地尺度上，评估保护地空间规划的合理性和管理的有效性，以确保保护地能有效地保护区内的生物多样性。截至目前，保护地覆盖了全球约15%的陆地和淡水区域。然而，保护地的管理有效性仍然受到保护地内广泛存在的人类活动、保护地降级、范围缩小和被撤销（Protected Area Downgrading, Downsizing, and Degazettement, PADDD）等现象的影响，不能有效发挥生物多样性保护的功能。但目前仍然缺少系统的、标准化的监测指标和监测平台，用于监测保护地的管理有效性。

钱江源国家公园是中国首批建立的10个国家公园体制试点区之一，区内保存了大面积、低海拔的地带性常绿阔叶林（图6-1），代表中国独特的植被类型；是中国特有物种、一级保护动物黑麂（*Muntiacus crinifrons*）和白颈长尾雉（*Syrmaticus ellioti*）的集中分布地（图6-1）；同时也是中国东部发达地区（长三角）重要的水源涵养地。我们以钱江源国家公园为例，建立针对保护地管理有效性的评估指标体系，以及相应的生物多样性综合监测平台。建议采用标准化的方法和指标体系监测和评估保护地的管理有效性，便于保护地间的保护成效比较，整合多个保护地评估数据开展区域和全球尺度保护地的有效性评估。

对应目标：15.1 到2020年，根据国际协议规定的义务，保护、恢复和可持续利用陆地和内陆的淡水生态系统及其服务，特别是森林、湿地、山麓和旱地

对应指标：15.1.2 保护区内陆地和淡水生物多样性的重要场地所占比例

↑ 图6-1. 钱江源国家公园低海拔常绿阔叶林（左）、一级保护动物黑麂（右上）和白颈长尾雉（右下）

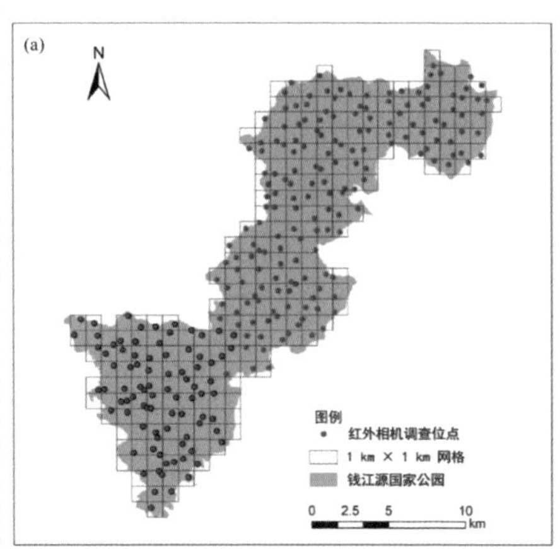

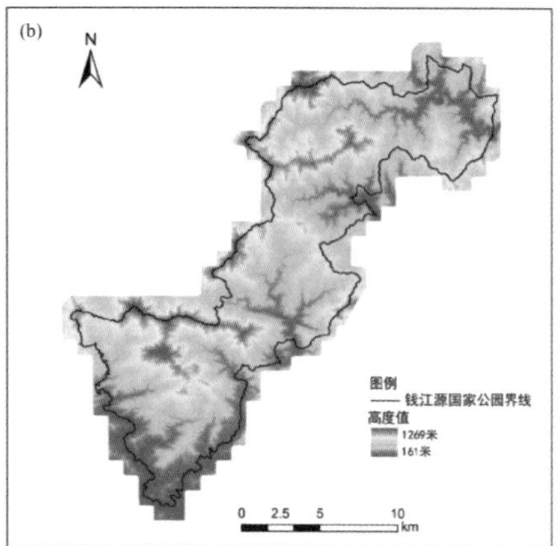

↑ 图 6-2. 钱江源国家公园全境植物群落动态样地监测平台和全境的动物多样性监测平台 (a) 和全境遥感监测平台的数字表面模型（b）

方法

从三个方面综合评估保护地的保护管理成效，包括：① 保护地内重点保护生态系统类型的面积和破碎化程度；② 保护地内重点保护动植物物种的种群变化趋势；③ 保护地的生态系统功能，其中森林生态系统以地上生物量和碳储量为主要指标。

针对这三类保护地评估指标，在钱江源国家公园内建立 3 个生物多样性监测平台（图 6-2），以收集评估所需的数据：

（1）覆盖钱江源国家公园全境的植物多样性监测平台（图 6-2a）。将钱江源国家公园划分为 1km×1km 的网格，布设 641 个≥ 0.04 ha 样地，对样地内胸径大于 1cm 的独立个体挂牌调查，并抽样调查灌木层和草本层的多样性组成。

（2）覆盖钱江源国家公园全境的动物多样性监测平台（图 6-2a）：在钱江源国家公园每个 1km×1km 网格内布设一台红外相机，持续监测大中型地栖动物的多样性组成和种群动态。

（3）钱江源国家公园全域的遥感监测平台（图 6-2b）：通过激光雷达和高光谱遥感技术获取钱江源国家公园全域的森林冠层结构信息，反演植物叶片的重要功能性状。

综合以上 3 个平台收集的数据信息评估钱江源国家公园的管理有效性，包括：利用植物群落动态样地监测数据和遥感数据，对钱江源国家公园森林群落分类，计算亚热带常绿阔叶林的面积和破碎化指数；基于动物多样性监测平台收集的红外相机调查数据，采用 N-mixture 模型估算该区域范围内黑麂和白颈长尾雉的相对多度及其年际变化趋势；基于植物群落动态样地监测数据，估计样地内森林生态系统的地上生物量和碳储量，并结合遥感技术估计整个国家公园森林生态系统的生物量和碳储量。

所用数据

◎ 地面调查数据包括钱江源国家公园公里网格的 641 个≥ 0.04 ha 的森林样地及红外相机监测数据；

◎ 遥感数据包括航空遥感的点云数据、高光谱数据和正射影像数据。

结果与分析

（1）钱江源国家公园内的常绿阔叶林面积为 5827.1 ha，占国家公园总面积的 23.1%，常绿阔叶林最大斑块面积 1178 ha。人工林面积占国家公园总面积的 26%。钱江源国家公园毗邻地区尚有大面积常绿阔叶林老龄林分布。

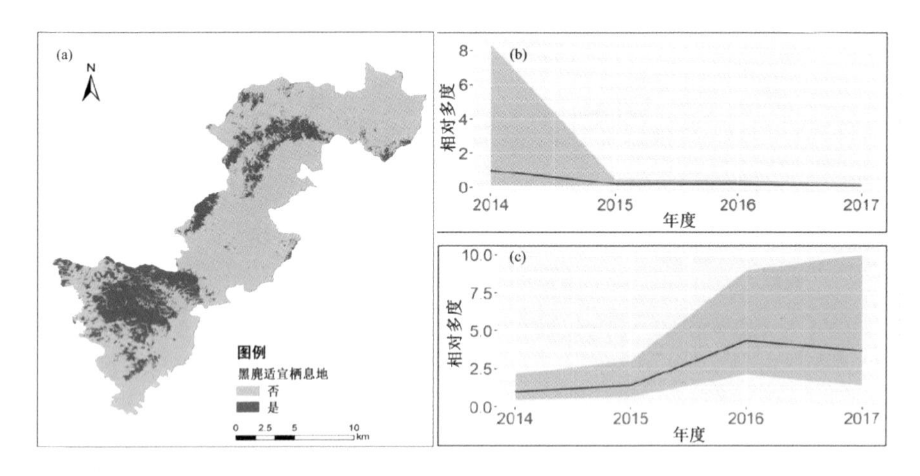

↑ 图 6-3. 钱江源国家公园黑麂栖息地分布图（a）、2014 年 -2017 年间黑麂种群多度变化图（b）和白颈长尾雉种群多度变化图（c）

（2）基于样地调查的结果推算，森林碳储量的平均值为 86.2 mg/ha，主要分布范围在 75-100 mg/ha。老龄林的地上碳储量最大，为 228.5 mg/ha，30 年前被采伐后天然更新的次生林碳储量最小，为 18.1mg/ha，老龄林的碳储量是次生林碳储量的 12.5 倍。

（3）国家公园内有黑麂适宜栖息地 4250 ha，占国家公园总面积的 16.9%（图 6-3a）。

（4）2014-2017 年间，黑麂的种群数量明显下降，白颈长尾雉的种群数量上升（图 6-3b, c）。

（5）评估结果显示钱江源国家公园的重点保护动物黑麂的种群数量下降，需要持续的监测与保护。开展跨区的合作以保护毗邻地区的常绿阔叶林和濒危动物栖息地，对区内人工林进行生态修复，是提高钱江源国家公园保护有效性的关键措施。

成果要点

- 基于三个生物多样性监测平台，实现钱江源国家公园三类评估指标的监测。发现钱江源国家公园保存了大面积低海拔的地带性常绿阔叶林，以及大面积的黑麂适宜栖息地，表明钱江源国家公园生态系统的原真性和完整性。
- 监测发现重点保护动物白颈长尾雉的种群数量上升，黑麂的种群数量下降，需要持续的监测与保护。开展跨区合作以保护毗邻地区的常绿阔叶林和濒危动物栖息地，是提高钱江源国家公园保护有效性的关键措施。

展望

加强本方法的区域推广。在应用于其它类型的保护地时，需针对特定保护地的生态系统类型和特征以及具体的保护对象，选取适宜的评估指标。

建立长期的、标准化的生物多样性综合监测平台，为评估提供所需的数据。结合卫星遥感、近地面遥感、红外相机等监测技术，辅以地面调查，快速获取较大区域尺度的监测数据。

深度挖掘近地面遥感与地面观测数据的关联，开发新的指标反演生物多样性格局，加强“空天地”一体化生物多样性监测平台在保护地有效性评估中的应用，提高保护地管理有效性评估的准确性和时效性。

国家一级重点保护野生动物黑麂，主要栖息在海拔600~1000米的山地常绿阔叶林及常绿、落叶阔叶混交林中。钱江源国家公园是我国最大的野生黑麂栖息地，黑麂数量约占全球的10%。

叁

中国黑麂的诺亚方舟

2021年12月9日，一项由魏辅文院士主持，中国科学院动物研究所承担，北京大学、安徽大学共同参与的《钱江源国家公园黑麂科学研究与保护》项目结题。验收专家组一致认为：项目组以钱江源国家公园为研究基地，从生态保护、系统演化、染色体演化等多层次开展了中国黑麂分布、种群栖息地、遗传多样性、基因组演化等研究，并进一步深入开展了麂属物种系统发生和染色体演化等研究工作，对钱江源国家公园保护和管理具有重要的指导价值，对其他自然保护地管理具有示范意义；部分研究成果已发表在国际顶级学术期刊《Nature Communications》上，达到国际领先水平。

研究发现，黑麂潜在分布区总面积约为5.66万平方千米，钱江源国家公园处于黑麂南北两个种群分布的过渡地带，地理区位对该物种保护特别重要；黑麂在空间上偏好国家公园核心保护区，而同域分布的小麂几乎全境都有分布；黑麂肠道微生物 α 多样性显著高于小麂，且二者肠道菌群组成存在分化。研究还发现，基于线粒体基因组的麂属分子系统学分析确定了13个麂属物种的系统发生位置和物种的界定分析结果，证明了它们作为真实物种的有效性；保护遗传学和保护基因组学分析均显示，黑麂具有较丰富的遗传多样性，提示其仍具有较高的演化潜力。

研究组装了獐、小麂、雌性和雄性黑麂、贡山麂高质量基因组，证实染色体融合是导致麂属染色体数目在物种间剧烈变化的主要原因；阐明了由一个复杂重复序列结构介导的染色体串联融合机制。这些物种在染色体区室（compartment A/B）和TAD结构域层面相差甚小，但融合对长距离相互作用影响很大。

红外相机下的『芸芸众生』

——文/朱寅　宋春晓

2009年的某一天，工作人员在更换野外红外相机的储存卡时，发现了一个以前从未出现过的动物——身躯颇是庞大，脑袋又圆又宽，顶着两只圆圆的大耳朵，蒲扇似的巨掌，凸出来的嘴巴——这是黑熊！大家顿时喜出望外。

1949年以前，黑熊在浙江并不是稀罕的物种，很多山区居民见过或听说过黑熊的存在。然而近年来，浙江的黑熊几乎销声匿迹了。原因有二：一是黑熊是典型的林栖性动物，喜欢栖息于海拔500~1500米的常绿阔叶林、常绿落叶阔叶混交林、针阔叶混交林中，而浙江省的森林覆盖率虽然比较高，但林相结构并不是理想的黑熊栖息地；二是为了追求经济效益，大规模乱捕滥杀，尤其是用电网这种毁灭性捕杀，造成黑熊数量短期内锐减。

2009年9月，古田山在野外布下了18台红外自动相机，用以监测野生动物的生活轨迹。此次拍下的两张黑熊照片，是浙江自90年代末首次获得野外黑熊生存的证据，也证明了黑熊这个珍贵的物种并没有在浙江境内灭绝。

钱江源国家公园优越的气候和以中低海拔亚热带常绿阔叶林为主的丰富植被孕育了其完整的生态圈。

目前，钱江源国家公园内发现有两栖爬行类动物64种、鸟类264种、兽类44种；昆虫2013种，其中，以古田山为模式产地的昆虫有164种，以古田山命名的24种，以开化命名的6种；大型真菌536种，其中，以古田山为浙江首次发现地的有50种。这当中，国家重点保护野生动物有60种（其中，国家一级重点保护野生动物有黑麂、白颈长尾雉、穿山甲、黄胸鹀、白鹤，国家二级重点保护野生动物有白鹇、黑熊、小灵猫等53种）。古田山是国家一级重点保护野生动物黑麂全国最大的集中分布区，是国家一级重点保护野生动物白颈长尾雉全国分布较集中、数量较多的地区，也是浙江省最大的国家二级重点保护野生动物白鹇、黑熊等动物的栖息地。此外，古田山的鬣羚、毛冠鹿、猕猴、蕲蛇、棘胸蛙、平胸龟等动物资源也十分丰富。

红外相机一般会被固定在离地面 50～80 厘米的树干上，镜头与地面大致平行

红外相机记录下黑麂的瞬间

然而，想在野外亲眼看见野生动物，尤其是数量稀少的国家重点保护野生动物，需要极好的运气。因为大多数野生动物警惕性高，在人类能够亲眼看见之前就已经跑远，或隐蔽起来了，更不要说某些昼伏夜出的兽类了。科学家只能通过它们的叫声或留下的足迹、羽毛或排泄物等间接证据来进行调查和记录。

为了能够掌握照片、视频等活体实物证据，近年来科学家开始使用红外相机调查技术来探测和记录大中型兽类和地栖型鸟类。这种相机只要有体温的生物经过附近，就会自动拍照，留下记录。每次触发红外相机，会连续拍摄 3 张照片和一段 10 秒长的视频。

自 2014 年 5 月起，中国科学院植物研究所的团队开始在古田山建立红外相机全境网格化监测平台，他们在 2009 年布设的 18 台红外相机的基础上，将红外相机覆盖古田山全境，这也是全球唯一的全境网格化动植物综合监测示范平台。

中国科学院植物研究所团队借助地理信息系统（GIS），将古田山划分为 93 个网格，每个网格面积 1 平方千米，内布设 1 台红外相机；少数网格则加密布设 3 台相机。4 个月后，工作人员会将相机移动至同一网格内的不同位点，每个网格内每年调查 3 个位点。

布设相机的位点也很有讲究。一般会选择动物痕迹（粪便、足迹和遗落物等）较多的地点（兽径、水源点等处），将相机固定在离地面 50~80 厘米的树干上，镜头与地面大致平行。同一网格内以及网格间的所有位点间隔距离大于 300 米，以增加相机调查覆盖的区域，并减少不同相机之间对相同个体的重复拍摄。

工作人员会详细记录红外相机安放的日期、GPS 位点、海拔、植被类型和特征及其他环境因子参数。在每 4 个月调查周期的中间，统一检查一次相机的工作状态，更换电池和存储卡，收回数据。

目前，整个钱江源国家公园共布设 269 台红外相机，其中，古田山区内 91 台。

红外相机 3 年多的记录结果显示，古田山内有稳定的黑麂、豹猫、白颈长尾雉、勺鸡和白鹇种群，国家一级重点保护野生动物黑麂偏好核心区、缓冲区内高海拔的原生林、次生林，而白颈长尾雉偏好实验区内低海拔的次

红外相机镜头下的小动物们

豹猫 *Prionailurus bengalensis*

小麂 *Muntiacus reevesi*

猕猴 *Macaca mulatta*

中华鬣羚 *Capricornis milneedwardsii*

猪獾 *Arctonyx collaris*

黄腹鼬 *Mustela kathiah*

豪猪 *Hystrix hodgsoni*

华南兔 *Lepus sinensis*

生林、人工林、油茶林。

亚洲黑熊、藏酋猴、猕猴等活动范围较大的动物，虽有被红外相机记录下，但次数较少，因此是否有稳定的繁殖种群还有待确认。其中，藏酋猴活体在古田山首次被发现。鉴于古田山南面有大面积的农耕地和茶园，北面环山，与江西婺源接壤，连接不受严格保护的大面积森林，活动范围大的动物极有可能会在外围生活，因此加强与周边白际山脉森林的连通，以古田山为核心，扩大周边地区森林保护的范围，为野生动物的栖息地提供足够的空间有极大意义。

有了下面这张覆盖古田山全境的红外相机监测网络，就为进一步开展野生动物的生态学研究和保护管理提供了重要的基础与本底，使得管理者可以全面地、及时地掌握区内动物组成和分布，进而制定更加有针对性和实效性的保护策略，促进动物资源的有效管理。

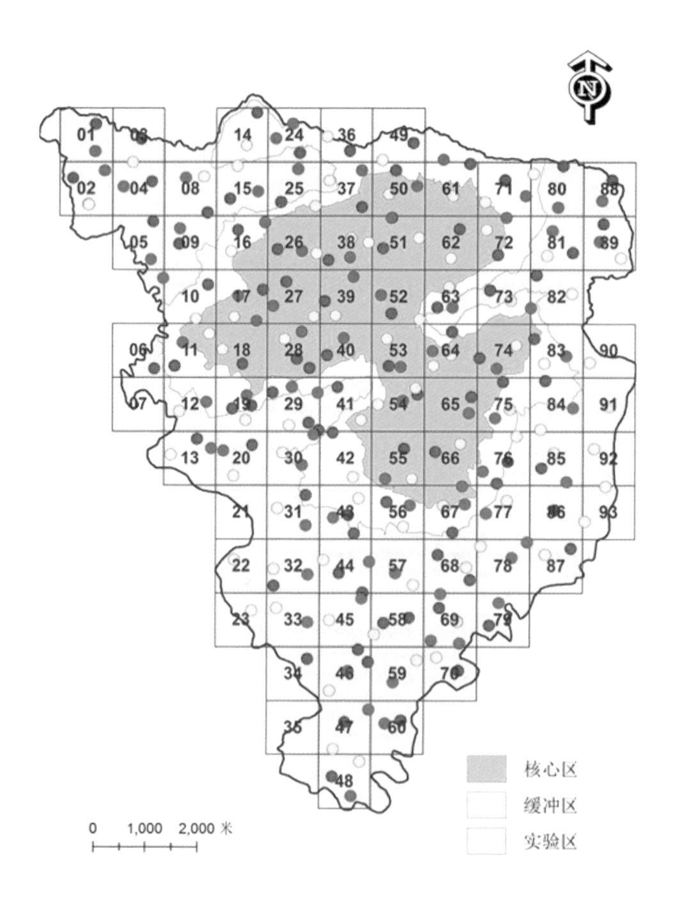

古田山红外相机分布图

小贴士 钱江源国家公园的哺乳类

黑麂 *Muntiacus crinifrons*

体长 100～110 厘米，雄性具角，角柄较长，头顶和两角见有一簇长达 5～7 厘米的棕黄色冠毛。冬毛上体暗褐色，夏天棕色成分增加。尾较长，一般超过 20 厘米，背面黑色，尾腹及尾侧毛色纯白，尾两侧白毛十分醒目。黑麂胆小怯懦，恐惧感强，大多在早晨和黄昏活动。黑麂主要栖息于常绿阔叶林及常绿落叶混交林中的芒丛或灌木丛中。主要分布于钱江源国家公园核心区林地，偶见。

中华穿山甲 *Manis pentadactyla*

头体长 42~92 厘米，尾长 28~35 厘米；吻细长。脑颅大，呈圆锥形。具有一双小眼睛，形体狭长，全身有鳞甲，四肢粗短，尾扁平而长，背面略隆起。平时走路掌背着地，受惊蜷成球状。穿山甲视力不佳，但不依赖于视觉，而是依靠气味来寻找猎物。它们利用其强大的前爪打破白蚁或蚂蚁巢，然后用它长而黏的舌头将昆虫舀进嘴里。在进食时，穿山甲可以闭合其鼻孔和耳朵，以防止叮咬昆虫蜂拥而生，而厚厚的眼睑可以遮挡眼睛。因为它们缺乏牙齿，所以它们的膳食是在肌肉胃中被磨碎。栖息于丘陵、山麓、平原的树林潮湿地带。生活于各种各样的栖息地，包括热带森林、针叶林、常绿阔叶林、竹林、草原和农田。2019 年，钱江源国家公园首次记录到穿山甲。

亚洲黑熊 *Ursus thibetanus*

亚洲黑熊可以像人类一样直立行走，站立高度约190厘米。由于它们视力很差，得了个“黑瞎子”的称号，但嗅觉和听觉很灵敏，顺风可闻到0.5千米以外的气味，能听到300步以外的脚步声。黑熊膀大腰圆，平时行动缓慢，但如果因此小瞧了它们，那你可就要吃亏了，黑熊的奔跑速度可以接近50千米/小时，是人类的2倍多。它们夏季栖息在高山避暑，入冬前从高地逐渐转移到海拔较低处避寒。因为许多天然食物有明显的季节性变动，黑熊的主食会有季节性变化的现象。入冬前，它们会以坚果为主食，将其中蕴含的大量脂肪储存起来，以应付冬眠时期的能量代谢。过去分布于中国西北的大部分地区，现在数量急剧减少，野生种群估计为12000~18000头，最高估计也不过2万头(IUCN，2012)。华东地区首次通过红外相机在钱江源国家公园拍摄到野外活体。

在中国分布的三种麂子中，小麂是体形最小的一种，体长约80厘米。小麂头部为鲜棕色，体毛呈棕褐色，腹部为白色。小麂栖息在小丘陵的低谷或森林边缘的灌丛、杂草丛中。它们听觉敏锐，轻微的声音就足以惊动它，受惊时会猛然撞进高草丛或森林中，借此隐蔽自己而得到保护。因此，虽然没有强有力的斗争工具，小麂却能巧妙地逃避敌害。它们主食野果、青草和嫩叶，其活动范围小，经常游荡于其栖息地附近。钱江源国家公园广泛分布，常见。

小麂 *Muntiacus reevesi*

云豹 *Neofelis nebulosa*

体长约 110 厘米，尾长约 90 厘米，又长又粗的尾巴是它们在攀爬时重要的平衡工具。云豹体色金黄，并覆盖有大块的深色云状斑纹，因此称作“云豹”。虽然名字里有个豹字，但是它们和豹子没有太大关系，属于一个独立的云豹属。它们是森林里的隐藏大师，深色的云纹和斑点构成了云豹的天然伪装，使它无论是打伏击还是躲避其他食肉动物，都具有天然优势。云豹栖息于亚热带和热带山地及丘陵常绿林中，最常出现在常绿的热带原始森林。它们能够单独捕食鸟类、鱼类和猴子等。在中国主要分布于亚热带和热带林区。尽管云豹本事很大，但是由于它的毛皮十分美丽，难逃偷猎者的捕杀，因此野外数量不断减少，中国的野外种群数量估计不到 1000 只。钱江源国家公园是其历史分布区，但已经多年没有观察记录，红外相机也没有拍摄到野外活体。

豹猫 *Prionailurus bengalensis*

体长 36～60 厘米。它们就好像是一只迷你豹子一样，全身布满和豹子身上一样的斑点，但是大小却和家猫无异。别看它们很萌，发起狠来也是很厉害的。豹猫主要栖息于山地林区、郊野灌丛和林缘村寨附近，以兔类、蛙类、昆虫等为食，为了吃到小鸟和蛇类，它们也练就了一身灵活的爬树能力。在中国除新疆和内蒙古的干旱荒漠、青藏高原的高海拔地区外，几乎所有的省份都有分布，主要分布于钱江源国家公园核心区林地，偶见。

鼬獾 *Melogale moschata*

体长约 35 厘米。非常好辨认，如果你在野外看到一只外形和黄鼠狼一样，但是毛色灰溜溜，头顶至后背有一条连续不断的白色条纹的小动物，那就是鼬獾没跑了。由于行动较迟钝，它们选择栖息于丘陵及山地的森林、灌丛和草丛这些具有隐蔽性的地方，而且选择夜晚成对出来觅食，好有个照应。鼬獾食性很杂，以蚯蚓、虾、蟹、昆虫等为食，也吃植物的果实和根茎。钱江源国家公园分布广泛，偶见。

中华鬣羚 *Capricornis milneedwardsii*

体长约 160 厘米。雌雄均有一对短而尖的黑角，色泽光滑。这是它们的利器，繁殖期雄兽间会有激烈恶斗，获胜一方才能与雌兽交配，败者甚至会被顶死。由于它们的角像鹿而不是鹿、蹄像牛而不是牛、头像羊而不是羊、尾像驴而不是驴，因此人们将其与驯鹿、驼鹿和麋鹿一起称为“四不像”。虽然看着性格温和，但是被激怒时也会主动发起攻击，因此千万不要轻易招惹它们。它们栖息于海拔 1000～4400 米的针阔混交林、针叶林或多岩石的杂灌林，生活环境有两个突出特点，一个是树林或灌丛十分茂密，另一个是地势非常险峻。主要以青草、树木嫩枝和菌类等为食。主要分布于钱江源国家公园核心区林地，偶见。

花面狸 *Paguma larvata*

体长约 49 厘米。虽然叫花面狸但是它们的脸部并没有很花，额头至鼻梁一条明显的白带是它们的主要特征，又因“善缘树，食百果”（明朝黄仲昭《八闽通志》），首次以果子狸命名。栖息在森林、灌木丛或洞穴中。夜间出没，以野果和谷物为主食。它们自身携带有“生化武器”，防御时会释放臭气把敌人逼走。2003 年 SARS 横行时，花面狸曾被认为是病毒携带者，直到 2005 年才洗白：原来它们只是中间宿主，原宿主叫中华菊头蝠。钱江源国家公园分布广泛，偶见。

猪獾 *Arctonyx collaris*

体长约 68 厘米，长着一副猪头脸，叫声也像猪，看起来像迷你型野猪。晚上活动，视力很差，全靠嗅觉。突出的鼻孔既能翻泥，又能嗅闻指路，丑点也值了。食谱很广，基本比它小的动物都能吃下肚子，比如，蚯蚓、青蛙和鼠类等，偶尔也吃点野果、植物根和谷类等素食。会爬树，不知道是不是为了吃鸟蛋或者雏鸟而练就的本领。有冬眠习性，但时间较短，每年 11～12 月入洞，翌年 2～3 月冬眠醒来出洞活动，也叫半冬眠。钱江源国家公园范围内均有分布，偶见。

野猪 *Sus scrofa*

体长约 200 厘米（不包括尾长）。雄性野猪有两对不断生长的大牙，可以用来作为武器或挖掘工具。猎人里流传“一猪二熊三老虎”这句话，当你在野外遇到野猪时，还是不要招惹它，静静地让它过去为妙。它们的环境适应性极强，从半干旱气候至热带雨林、温带林地、草原等都有其踪迹。食性也很杂，只要能吃的东西都吃，可以称得上是一个大胃王。钱江源国家公园分布广泛。

赤腹松鼠 *Callosciurus erythraeus*

体长约 20 厘米，毛茸茸的尾巴长 17 厘米左右，爬树跳跃的平衡本领就全靠尾巴了，当然卖萌耍酷本领也是一流的。特征为腹面红色毛，其余部分褐色，也叫“红腹松鼠”。喜欢栖息于各种高大乔木上，有时也会下地活动。喜欢早晚活动，每天天一亮就出来找吃的，以各种果实为食，也会吃昆虫、鸟卵等。钱江源国家公园分布广泛，较常见。

社鼠 *Niviventer niviventer*

体长约 13 厘米。社鼠和家鼠是两兄弟，不仅长得像，都是背部土黄色，腹部灰白色；生活习性也相似，一个在室内，一个在室外，都会造成鼠害。不同的是，家鼠主要在人类周围的环境活动，而社鼠主要在丘陵树林活动，取食林木、果树的嫩叶、果实及毗邻的农作物，是林区的主要害鼠之一。钱江源国家公园分布广泛。

毛冠鹿 *Elaphodus cephalophus*

体长 82～119cm。额部有一簇黑色长毛，故称毛冠鹿。雄性角短小，角冠呈锥状，不分叉，几乎隐于毛簇中；上犬齿甚大，呈獠牙状，露出口外。体毛黑褐色，耳背有一块白斑，尾背面黑色，腹面纯白。栖息于亚热带常绿阔叶林、针阔混交林或灌丛中。钱江源国家公园内红外相机仅记录到一次。

藏酋猴 *Macaca thibetana*

猕猴属最大的一种猴，雄猴平均体重 15 千克，最重的可达 30 千克以上。身体粗壮，尾较短，不及后脚之长。背毛棕褐，暗棕褐或黑褐色，胸部浅灰，腹毛淡黄色。颜面部仔猴为肉色，幼年白色，成年鲜红色，老年转为紫色具黑斑或为黑色。钱江源国家公园内红外相机仅记录到一次。

猕猴 *Macaca mulatta*

体长 51～63 厘米，主要特征是尾短，具颊囊。主要栖息在石山峭壁、溪旁沟谷和江河岸边的密林中或疏林岩山上，群居。以树叶、嫩枝、野菜等为食，也吃小鸟、鸟蛋、各种昆虫，捕食其他小动物。相互之间联系时会发出各种声音或手势，互相之间梳毛也是一项重要社交活动。钱江源国家公园分布广泛，偶见。

华南兔 *Lepus sinensis*

体长一般在 40 厘米左右。体背通常为红棕或棕褐色以至沙黄色，上唇及鼻部毛色较淡，略呈浅黄白色。华南兔昼夜均有活动，喜走人行小道，但白天多隐藏于灌丛和杂草丛中，在不受到惊扰的情况下，很少进入洞穴内，通常也无固定的洞穴，但有时在地面挖扒一个浅凹，以作临时栖身之处。当它伏在穴内时，由于其体色和周围环境甚相似，往往不易发现，有时走到距它二三米时，突然从穴中冲出，疾速奔跑逃去。采食各种杂草、树叶、植物花芽、果实、种子、蔬菜、瓜果、根茎及豆类种子等。钱江源国家公园分布广泛，偶见。

倭花鼠 *Tamiops maritimus*

体长 10～15 厘米，尾长与体长接近。体背具明暗相间的 7 条纵纹。正中为黑色，其两侧依次为淡黄色、深棕色，最外为淡黄色条纹。整个腹面为棕黄色。眼周有白圈，耳后具白色毛丛。体侧橄榄棕色。栖息于亚高山针叶林、林缘和灌木从中。树栖。以果实、嫩叶、昆虫为食。钱江源国家公园分布广泛，偶见。

珀氏长吻松鼠 *Dremomys pernyi*

体长约 20 厘米，尾长不及体长，尾毛蓬松；头骨吻部较长，脑颅圆凸；背部毛色自头至尾基部、体侧、四肢外侧均为橄榄黄灰色。主要营树栖生活，多在山谷、河溪旁的树上，晨昏活动，有时从树上跑到地面活动，穿行于草丛间，亦活动于林中倒木上，且边活动边寻取食物，主要采食各种果实，亦食少量昆虫。警觉性很高，一有动静就丢下幼仔，沿树干下地，窜入杂草丛中的地洞躲藏，由于此时小鼠发出"吱吱"的叫声，易找到其巢穴。钱江源国家公园分布广泛，偶见。

豪猪 *Hystrix hodgsoni*

体长 50～75 厘米，尾长 8～11 厘米，体重 10～18 千克。尾短，短于 11 厘米；体侧和胸部有扁平的棘刺。栖息于森林和开阔田野，在堤岸和岩石下挖大的洞穴。家族性群居，夜间沿固定线路集体觅食。食物包括根、块茎、树皮、草本植物和落下的果实。虽然不会"射掷"棘刺，但遇到危险时，能后退，再有力地扑向敌人将棘刺插入其身体。报警时摇动尾棘作响，喷鼻息和跺脚。钱江源国家公园分布广泛，偶见。

食蟹獴 *Herpestes urva*

体长 40～84 厘米，吻部细尖，尾基部粗大，往后逐渐变细。身体背面呈灰棕黄色，并杂以黑色。背毛基部淡褐色，毛尖灰白色。吻部和眼周淡栗棕色或红棕色。有一道白纹自口角向后延至肩部。白天活动，以各种小动物特别是鼠类和蛇类为食。行动机警敏捷，能似家猫式攻敌或猎食，并以拱背、竖毛、喷气、尖叫来自卫。一般栖息于树林草丛、土丘、石缝、土穴中，喜群居。常自挖土穴或抢占鼠洞居住。钱江源国家公园分布广泛，偶见。

黄腹鼬 *Mustela kathiah*

尾长而细，前、后足趾、掌垫都很发达，上体背部为咖啡褐色，腹部从喉部经颈下至鼠蹊部及四肢肘部为沙黄色。穴居性，白天很少活动，会游泳，很少上树，性情凶猛，行动敏捷，食物以鼠类为主，多栖于山地森林、草丛、低山丘陵、农田及村庄附近。

中国特有伞护种——黑麂

文／朱寅

诗圣杜甫写过一首《麂》：“永与清溪别，蒙将玉馔俱。无才逐仙隐，不敢恨庖厨。乱世轻全物，微声及祸枢。衣冠兼盗贼，饕餮用斯须。”《说苑》亦曰：“麂生于山，命悬于庖厨。”

麂，说白了就是一种体型比较小的鹿，南方山林中比较常见。“麂生长清溪间，整日奔跳自得，不料偶然失足，一舆之误，遂成永别，已列庖馔之数也。衣冠乃食肉者，盗贼即捕兽者。衣冠盗贼为口腹之欲，而戕命于斯须。”

中国共有三种麂：黑麂、赤麂和小麂。其中，黑麂是国家一级重点保护野生动物、中国特有种，濒危野生动植物种国际贸易公约（CITES）附录Ⅰ物种，世界自然保护联盟（IUCN）将其濒危等级列为易危。

黑麂属于鹿科麂属，但是在鹿科动物中，长相最是诡异：脸蛋小巧可爱，大眼睛水汪汪的，可是嘴角却会露出一截恐怖的尖牙，从上颚延伸出来，好像吸血鬼一般；头顶长有淡黄色的长毛，有时能把两只短角遮住，有点像洗剪吹里的“非主流”。

黑麂尾巴比较长，一般超过20厘米，背面是黑色，外面包着一圈纯白的毛，十分显眼。虽然是食草动物，但也曾在它的胃内发现过一些碎肉块，表明它能偶尔也吃动物性食物，这在鹿类动物中还是绝无仅有的。

黑麂十分胆小，大多在早晨和黄昏活动，白天常在大树根下或在石洞中休息，稍有响动立刻跑入灌木丛中隐藏起来。觅食的时候每啃几口青草或树叶就要抬起头来尖着耳朵倾听，一发现可疑迹象，立即逃之夭夭。它的嗅觉也很灵敏，能远远地分辨出深藏潜伏的敌人，即使人发现了它，也难于接近，只有悄悄迂回到它的下风口去，才能让其嗅觉无能为力。但即便蹑脚蹑手接近它，无意中踩断的枯枝也会被它的听觉捕获。

也许是因为黑麂长相平平，跟梅花鹿、麋鹿、长颈鹿相比，没那么有特征，更不如国宝大熊猫那么萌，引不起公众的注意力。与象征美丽、柔顺、长寿的鹿相比，麂在中国文化中远没有赢得人们的喜爱。

红外相机下的黑麂。右上图可以清晰地看见黑麂头顶上有两支短短的角；右下图的黑麂由于头上长角发痒，不得不在地上磨蹭，看上去憨态可掬。

然而这“麂”字毕竟与鹿有些相似。同是食草动物，同样有山泉般明亮柔顺的眼睛，同样有优美的流线型身体，麻黄的毛虽然泛不出多少名贵的气质，但至少也不那么令人讨厌。明亮的双眼，多少也能令人生出些怜惜之情。

黑麂是中国的特产动物，没有亚种分化，分布范围十分狭小，主要生活在中国安徽南部、浙江西部、江西东部和福建北部的武夷山地区，共 4 省 39 县 5.66 万平方千米的区域内。其中，野生的黑麂以浙西和皖南为主要中心，总数仅有 2000 余只，数量远远少于梅花鹿、麋鹿这些我们熟悉的鹿类。而钱江源国家公园内黑麂数量约占全球的 10%，是我国最大的野生黑麂栖息地。

这里有黑熊出没惊喜！

文／朱寅

五六年前，我被一部纪录片——《月亮熊》，触动了灵魂。

月亮熊是亚洲黑熊的绰号，盖因其胸前长有一弯月牙状白毛。黑熊浑身长满浓密的黑毛，脑袋上长着一对圆乎乎萌萌的大耳朵；爪子粗短壮实，善于爬树，在树上它会把附近的树枝攀折在一起，搭成小平台，坐在上面边采集边休息；下树时却动作笨拙，屁股朝下后退，惊慌时会从树上滑下，着实憨态可掬。

熊胆的需求，曾促成了 20 世纪八九十年代养熊业的快速发展。大批野生月亮熊，特别是幼仔，被捕捉和贩卖到熊场。从四五岁起，它的身上就会被主人开一个口子，一根管子直插胆囊，外面装一个开关，每天取两次胆汁。日复一日，年复一年，直到胆囊萎缩，胆汁流尽。身体上的那个伤口永远都不会愈合。每只熊喉咙都顶着一个三脚架，让它们永远无法低头舔到伤口；身上都背着三十多斤的马甲，为的是不让它们因巨大的痛苦而自残。长期病痛导致它们的寿命只有野生熊的三分之一。

这部纪录片彻底改变了我。从那天起，我变成了一个动物保护主义者：不穿皮草，不吃野生动物的肉，不使用任何野生动物制品，还成功劝阻了一位好奇心强的朋友去吃穿山甲。

我成了一个“熊粉”：看了网上能找到的所有熊的纪录片，找了浙江图书馆里所有关于熊的书籍……

曾几何时，中国除了沙漠、戈壁滩，处处都有亚洲黑熊的身影，它们和我们祖先一起在生活山林里、河流边。如今黑熊却成了极其罕见的国家二级重点保护野生动物。当山林被毁、偷猎肆虐时，失去赖以生存之地的黑熊也随之消失了。想要看到活的黑熊，动物园的熊山是唯一的选择。

我一直以为浙江省早就没了野生黑熊，直到去年钱江源国家公园的一位护林员在采访中告诉我他的经历：“那天，我们去山上采集植物标本，我正埋头看叶子，突然听到一阵窸窸窣窣的声音。抬头一看，山坡的上方有个黑乎乎的胖大身影。我脑子一片空白，呆立在原地——今天遇上熊了，完了完了，我是不是要被它吃了？没想到那个大家伙居然扭头就逃，一眨眼的工夫就不见踪影了。”

2009 年古田山首次拍摄到野外黑熊，这是近 20 年来浙江首次拍摄到的野外黑熊活体照片。之后，钱江源国家公园及周边地区又连续多次拍摄到野外黑熊。

如果那只黑胖子真的是黑熊，这位护林员大可不必如此惊慌失措。同样都是熊，比起凶残的北极熊和凶猛的北美灰熊，亚洲黑熊其实是一种性情温和的熊，看看食谱就知道，它其实是个素食主义者，植物性食物大约占 98%，动物性食物只有 2%，还是以鱼为主：4~7 月吃各种幼叶嫩茎，尤其喜欢竹笋、杨梅等；7~9 月是个“水果控”，如猕猴桃、野樱桃、稠李等；9~11 月则是坚果季节，比如，板栗、茅栗、锥栗、麻栎、青冈栎等果实和种子；有时候食物缺乏了，也会干点坏事，比方说晚上会到农民伯伯的地里偷吃玉米、大豆、荞麦、南瓜，运气好了还会偷到蜂蜜。至于吃人，那大概只是一个误会了。黑熊其实十分胆小怕人，除了每年 8~9 月的发情期、带幼崽的母熊攻击性比较强外，其余时间一般不主动攻击人，四周稍有动静会自动溜开。

当然，本人纯属“叶公好龙”，虽羡慕这位护林员大哥，但若真的野外遇上黑熊，估计也吓趴下了。

不过，开化有黑熊是千真万确的事情。2009 年，布设在古田山的红外相机拍摄到一只亚洲黑熊的照片，引发轰动，2014 年再次被拍摄到；2018 年以来，在钱江源国家公园周边的南华山连续拍到 4 次。浙江师范大学兽类专家鲍毅新据此推测，目前在这里，亚洲黑熊至少有一个家庭，其数量为 2~3 头。

钱江源国家公园大概是目前华东少见的野生黑熊能无忧无虑自由生长的地方了！

鸟儿在天堂的歌唱

文／这筱　宋春晓

人们喜欢听鸟儿鸣叫的理由，或许正是鸟儿终生飞翔的理由：对大自然的信任和敏感使它们不惜千里艰苦迁徙；对爱的忠贞令它们总是双飞双宿一路歌唱，对家的眷恋和为呵护孩子，它们总不辞辛劳地筑窝和觅食。所以凤凰、喜鹊、鸳鸯等吉祥飞鸟自古是人类美好生活的象征——能听到清脆鸟鸣的地方，人们的生活总不会离幸福太远。而对寒鸦枯藤的联想，多半也是因为人间那曾有过的苦难记忆。

——《观鸟记》

国家一级重点保护野生动物白颈长尾雉（雄鸟），尾羽鲜亮夺目

良禽择木而栖。

钱江源国家公园的大片低海拔中亚热带常绿阔叶林，是生物繁衍栖息的理想场所，多样性的植物地表层次，丰富的水源，适宜的气候，使这里成为鸟儿歌唱的天堂。目前，这里已发现生存的野生鸟类有17科51目共264种，其中有国家一级重点保护野生动物白颈长尾雉、黄胸鹀、白鹤，国家二级重点保护野生动物白鹇、勺鸡、赤腹鹰、鸳鸯、斑头鸺鹠、仙八色鸫等42种。

开化是个九山半水半分田的丘陵地区，除了钱江源国家公园，整个县域其实都处在生态保护的辐射范围之内。这也使得野生动植物的活动区域得以扩大，更多曾经在人们视野消失的鸟类，重新出现在开化的青山绿水中。对访客而言，鸟儿翱翔这般美丽的画面或许不只是多了一道风景，更是对各种生物共享山水的深度体验。对大自然而言，鸟类又何尝不是一群维护生态平衡的天使。开化的野生鸟类主要以林鸟、猛禽、水鸟这几类为主，它们或以果子，或以鱼虫等小动物为食，但大部分属于益鸟。它们不只是那些害虫的天敌，也是使大自然始终保持动态平衡的守护神。

白颈长尾雉——中国特有的珍稀物种

国家一级重点保护野生动物白颈长尾雉体态优美，历来被视为是一种仙禽，是自然美的化身。《西游记》里美猴王的头上会插着一根颇令人惊艳的翎子，羽毛足有一米长，飘逸绚丽，彰显了美猴王的英俊潇洒、威武雄壮。据说，那羽毛就是白颈长尾雉的尾羽。

和大多数鸟类一样，白颈长尾雉的雌鸟貌不惊人，而雄鸟则身披彩衣，光彩夺目。那绚烂的尾羽便是雄鸟独有。雄鸟的头部呈暗褐色，后颈灰色，颈侧白而沾灰，鲜明夺目；脸部裸露，呈鲜红色；颏、喉及前颈黑色，上背和胸栗色，散有黑斑；下背和腰黑而闪蓝，具白色横斑和羽缘；飞羽棕色或浅栗色，杂有细纹。它那标志性的长达1米多的数十枚尾羽，呈橄榄灰色，具栗色宽横斑。

每年三至五月，是白颈长尾雉繁殖期，雄鸟之间不时会发生争斗，胜者占山为王。此时的雄鸟羽毛异常艳丽，眼睛四周的肉群充血、胀大，变得鲜红。为了取悦异性，雄鸟会抖动双翅，在领地里游荡，以炫耀自己的魅力。白颈长尾雉实行的是“一夫多妻”制，交配结束后，雌雄各自分开，雌雉每年产卵3~10枚，孵化24~25天后出壳。

国家一级重点保护野生动物白颈长尾雉（雌鸟）。比起雄鸟，雌鸟的外观低调多了。

白颈长尾雉不仅是世所罕见的观赏珍禽，也是一种益鸟。它们主要以植物叶、茎、芽、花、果实、种子和农作物等植物性食物为食，也吃昆虫等动物性食物，特别是夏秋季节捕食大量害虫，其数量占全部食物的60%以上。

白颈长尾雉是中国特有的珍稀物种，主要分布在长江以南的华东和华南地区，多栖息于300~800米的阔叶林和混交林的山谷林地内，喜集群，常呈3~8只小群。但是，森林砍伐、毁林开荒等行为使白颈长尾雉的栖息地萎缩并呈现片段化，加上过度捕猎，造成其数量锐减。

1989年，白颈长尾雉被列入国家一级重点保护野生动物。2003年，中国野生动物保护协会经过监测统计，古田山的白颈长尾雉总数为500~600只，是目前全国野生白颈长尾雉种群密度较高的区域。2011年3月，中国野生动物保护协会正式授予开化县“中国白颈长尾雉之乡”称号。

如今，越来越多的摄影爱好者前往古田山拍摄白颈长尾雉。不过，白颈长尾雉生性机警，只有少数幸运儿拍下了它的芳踪。

2009年，古田山红外相机首次拍摄到仙八色鸫，填补了浙江省鸟类记录的空白。时隔2年，古田山再次记录到仙八色鸫的巢穴和育雏成功的画面，说明它们已经将这里作为稳定的栖息地。

仙八色鸫——盛装舞会上的美人

仙八色鸫有“鸟中仙子”的美誉，传说中，它披着一件八种颜色的羽衣，在深林中盘旋歌唱，神秘而高贵。

仙八色鸫为鸫雀形目八色鸫科中等体型的鸟类，身长约20厘米，色彩艳丽，似蓝翅八色鸫，但下体色浅且多灰色，翼及腰部斑块天蓝色，头部色彩对比显著。叫声是清晰的双音节哨音，较长较缓。栖息于平原至低山的次生阔叶林内，在灌木下的草丛间单独活动，以喙掘土觅食蚯蚓、蜈蚣及鳞翅目幼虫，也食鞘翅目等昆虫。分布于日本、朝鲜、中国东部和东南部；越冬在印度尼西亚的婆罗洲（加里曼丹岛）。

仙八色鸫雄鸟前额至枕部深栗色，有黑色中央冠纹，眉纹淡黄色，自额基有黑过眼并在后颈左右汇合；背、肩及内侧飞羽为灰绿色；翼小覆羽、腰、尾上羽灰蓝色尾羽黑色；飞羽黑色具白翼斑；颏黑褐、喉白，体淡黄褐色，腹中及尾下覆羽朱红。嘴黑，脚黄褐色。雌鸟羽色似雄但较浅淡。

白鹇——闲庭信步的雅士

去古田山的那天，路上偶然间看到一只银装素裹的鸟在远处行走，一身“仙气”，遂问起，当地人说：“那是白鹇，你能看到也算是幸运的！”白鹇没有华丽的外表，一身“白衣”却已足够惊艳。远远的，还没来得及细看，它却已踩着细细的步子钻入山林，我只能目送它的背影……都说不上一面之缘，但我也兴奋了很久，毕竟是第一次见到。

白鹇给我的印象，优雅，娴静，可谓“鸟”如其名，也无怪乎文人雅士都爱写诗撰文咏白鹇。李白曾在青城山养过白鹇，作诗“照影玉潭里，刷毛琪树间。夜栖寒月静，朝步落花闲”，极力赞美白鹇高洁纯美，超脱不凡，以寄托自己的高雅志趣。到了明清时期，白鹇的待遇更高：五品文官的补服，上面的图案便是白鹇。人们认为，白鹇性情耿介，是正直的象征；羽毛洁白，是清廉的象征；神貌清闲，代表处事从容不迫；不与众鸟杂，代表洁身自爱，不与人同流合污。

白鹇与产自西藏的黑鹇和台湾的蓝鹇为我国的三大鹇种。白鹇属大型鸡类，因此又被称作“银鸡”，以昆虫、植物茎叶、果实和种子为食。白鹇虽有一对高贵洁白的翅膀，却是很少起飞，总喜欢在林间闲庭信步，当然，遇到紧急情况便会急飞上树。

白鹇分布在我国南部各省份，雄鸟全长 100~119 厘米，雌鸟全长 58~67 厘米。头顶及下体为蓝黑色，带金属光泽；脸部裸露皮肤呈红色。颈、背、翅均为白色带“V”形黑纹；中央尾羽为白色，两侧带黑纹；跗跖部为红色。雌鸟全身棕褐色，枕部具黑色羽冠；上体以及翅、尾等多为橄榄棕色；下体灰褐沾棕色，自下胸以次，各羽均具暗褐色细斑。食物主要是昆虫以及各种浆果、种子、嫩叶和苔藓等。

清代五品文官的补服。四方外沿金线里，织有云海宝珠、蝙鼠、令旗、花石围绕，中间炼石上独脚站立一只纯白的白鹇。

小贴士 钱江源国家公园的主要鸟类

白颈长尾雉 *Syrmaticus reevesii*

雄鸟：体大（81 厘米）的近褐色雉。头色浅，棕褐色尖长尾羽上具银灰色横斑，颈侧白色，翼上带横斑，腹部及肛周白色。雌鸟（45 厘米）头顶红褐，枕及后颈灰色。以常绿阔叶林、常绿落叶阔叶混交林、针阔混交林、针叶林、竹林和疏林灌丛等植被为栖息地。主要以植物叶、茎、芽、花、果实、种子和农作物等植物性食物为食，也吃昆虫等动物性食物。

黑冠鹃隼 *Aviceda leuphotes*

体长 30～33 厘米，特征为头顶具有长而垂直竖立的蓝黑色冠羽，除胸部和背部有少量白色羽毛外，其他部位大多为黑色，在阳光下会反射出淡绿色的金属光泽。常单独活动，以昆虫为主食，也吃蜥蜴、蝙蝠、鼠类和蛙等小型脊椎动物。分布在各种生境中，比较常见。

游隼 *Falco peregrinus*

体长为 38～50 厘米，特征是眼周黄色，面颊有一垂直向下的黑色髯纹。喜欢生活在没有高大树木的开阔环境，如草原荒漠等。单独活动，主要以野鸭、鸠鸽类等中小型鸟类为食。分布广，几乎遍布世界各地，常见。

赤腹鹰 *Accipiter soloensis*

体长约 33 厘米，外形像鸽子，所以又名“鸽子鹰”，上体淡蓝灰，胸部略带粉色，腹部白色。主要栖息于山地森林和林缘地带，单独活动。肉食性动物，主要以蛙、蜥蜴等为食。常站在树顶等高处，见到地面上的猎物则突然冲下捕食。常见。

黑翅鸢 *Elanus caeruleus*

体长约 33 厘米，特征是上体蓝灰色，下体白色，肩部有黑斑。从平原到海拔 4000 多米的高山均有栖息，单独活动，食肉性动物，主要以田间的鼠类、昆虫、小鸟、野兔和爬行动物等为食。常见。

普通鵟 *Buteo buteo*

体长 50～59 厘米，体色变化较大，上体主要为暗褐色，下体主要为暗褐色或淡褐色，具深棕色横斑或纵纹，翱翔时两翅微向上举成浅“V”字形。栖息于阔叶林、针叶林、混交林等生境中。以森林鼠类为主食，饭量很大，能一次吃掉 6 只老鼠。

红隼 *Falco tinnunculus*

体长 30～36 厘米，背、肩和翅上覆羽呈砖红色，分布着较为稀疏的近似三角形的黑色斑块，雄鸟比雌鸟更鲜艳。常见栖息于山地和旷野中，多单独或成对活动。肉食性动物，食物中有很大一部分是田鼠，堪称猛禽中的捕鼠高手。分布范围广，常见。

勺鸡 *Pucrasia macrolopha*

雄性体长 53～62 厘米，雌性体长 40～52 厘米，雌雄异色，雄鸟头部呈金属暗绿色，并具棕褐色和黑色的长冠羽，下体栗色，而雌鸟没有这些特征。主要栖息于针叶林、针阔混交林等地。单独或成对活动，以植物的各种器官为主食。分布范围广，常见。

白鹇 *Lophura nycthemera*

雄鸟体长 100～119 厘米，雌鸟体长 58～67 厘米。雄鸟非常漂亮，脸赤红，翅膀和尾羽白色，而且尾巴特别长，很飘逸，就像拖着长长的白色婚纱裙；雌鸟就毫无特色，全身基本是橄榄褐色。主要栖息于亚热带常绿阔叶林。成对或成小群活动，由一只强壮的雄鸟和若干成年雌鸟、不太强壮或年龄不大的雄鸟以及幼鸟组成，群体内有严格的等级关系。杂食性，主要以植物的嫩叶、花等器官为食，主要分布在东南亚国家。

体长 18～21 厘米，全身颜色非常鲜艳，背、肩为亮深绿色，尾黑色，腹中部和尾下覆羽血红色。栖息于平原至低山的次生阔叶林内，在灌木下的草丛间单独活动，主要以昆虫为食。候鸟，数量稀少。

仙八色鸫 *Pitta nympha*

大拟啄木鸟 *Megalaima virens*

体长 30 厘米左右。嘴大而粗厚，象牙色或淡黄色；背、肩暗绿褐色，其余上体草绿色，野外特征极明显，容易识别。我国还未见有与之相似的种类。常单独或成对活动，在食物丰富的地方有时也成小群。常栖于高树顶部，能站在树枝上像鹦鹉一样左右移动。食物主要为马桑、五加科植物以及其他植物的花、果实和种子，此外也吃各种昆虫，特别是在繁殖期间。主要分布于钱江源国家公园核心区、缓冲区林地，留鸟，偶见种。

体长 32 厘米左右。雌雄鸟体羽相似。特征为通体蓝黑色，仅翼覆羽具少量的浅色点斑，远观呈黑色，近看为紫色。栖息于多石的山间溪流的岩石上，往往成对活动，常在灌木丛中互相追逐，边飞边鸣，声音洪亮短促犹如钢琴声。主要在地面上或浅水间觅食，以昆虫和小蟹为食，兼吃浆果及其他植物，在山地主要吃昆虫。主要分布于钱江源国家公园核心区、缓冲区林地，夏候鸟，较常见。

紫啸鸫 *Myophonus caeruleus*

黑卷尾 *Dicrurus macrocercus*

体长 30 厘米左右。特征为全身乌黑，尾羽分叉，飞行姿态优美。平时栖息在山麓或沿溪的树顶上，或在竖立田野间的电线杆上，一见下面有虫时，往往由栖枝直降至地面或其附近处捕取为食，随后复向高处直飞，形成“U”字状的飞行。还常落在草场上放牧的家畜背上，啄食被家畜惊起的虫类。以各种昆虫及幼虫如蝗虫、甲虫、蜻蜓、胡蜂等为食。它叫声嘹亮，活跃多变，能模仿其他鸟鸣叫。钱江源国家公园分布广泛，夏候鸟，较常见。

红嘴蓝鹊 *Urocissa erythrorhyncha*

体长约 68 厘米左右，是鹊类中鸟体最大和尾巴最长、羽色最美的一种。特征为体背蓝紫色，红嘴、红脚，尾羽颀长，尤以中央两枚更加突出，尾端白色，显得仪态庄重雍容华贵。栖息于山区常绿阔叶林、针叶林、针阔叶混交林和次生林等各种不同类型的森林中。喜群栖，经常集成小群成 3～5 只或 10 余只的小群活动。主要以植物果实、种子及昆虫为食。与红嘴蓝鹊动人的外貌、艳丽的羽毛和优美的翔姿相比，它的鸣声就显得相形见绌而非常不般配了，不但粗野喧闹，而且响彻山间，令人厌烦。钱江源国家公园分布广泛，留鸟，较常见。

体长30~40厘米，通体黑色，肩和翅栗色。主要栖息于草地、灌木丛和矮树丛地带，喜单独或成对活动，主要以昆虫和小型动物为食，也吃少量植物果实与种子。留鸟，常见。

小鸦鹃 *Centropus bengalensis*

冠鱼狗 *Megaceryle lugubris*

体长42厘米左右，特征为头顶蓬起的羽冠，色泽青黑并多具白色横斑和点斑，飞行时翅膀下可以看到皮黄色横斑。常光顾流速快、砂砾多的清澈河流及溪流。主要以鱼类为食，一旦发现，立刻俯冲水中捕取，然后飞至树枝上，并不断摆弄，甚至把鱼抛起来，以便先从头把鱼吞下去。偶尔也食虾、蟹、水生昆虫及蝌蚪等。钱江源国家公园分布广泛，留鸟，较常见。

体长30厘米左右，色彩鲜明的鸟类。特征为具有长而尖黑的耸立型粉棕色丝状冠羽。顶端有黑斑。冠羽平时倒伏，受惊、鸣叫或在地上觅食时，会耸立起来。主要栖息在开阔的田园、园林、郊野的树干上，有时也长时间伫立在农舍房顶或墙头。大多单独或成对活动，很少见到聚集成群。喜欢用长长的嘴在地面翻动寻找食物。戴胜是有名的食虫鸟，大量捕食蝼蛄、步甲和天牛幼虫等害虫，大约占到它总食量的88%。钱江源国家公园分布广泛，留鸟，较常见。

戴胜 *Upupa epops*

灰喉山椒鸟 *Pericrocotus solaris*

体长17厘米左右。雄鸟的胸腹部以及翼斑红色，雌鸟的则为黄色，羽色艳丽。一般见于海拔1200~2000米的山区森林。冬季形成较大群。成小群活动，喜欢在疏林和林缘地带的乔木上活动，觅食也多在树上，很少到地上活动。以昆虫为食，偶尔吃少量植物果实与种子，主要分布于钱江源国家公园核心区、缓冲区林地，留鸟，常见种。

体长15厘米左右。特征为具显眼的红嘴。上体橄榄绿，下体橙黄色。尾近黑而略分叉。红嘴相思鸟活泼好动，生活在平原至海拔2000米的山地，常栖居于常绿阔叶林、常绿和落叶混交林的灌丛或竹林中，很少在林缘活动。它们不仅活动于树丛下层，也常到中层或树冠觅食，偶尔到地面寻找食物。主要以毛虫、甲虫、蚂蚁等昆虫为食，也吃植物果实、种子等植物性食物。钱江源国家公园分布广泛，留鸟，较常见。

红嘴相思鸟 *Leiothrix lutea*

暗绿绣眼鸟 *Zosterops japonicus*

体长11厘米左右。特征是眼的周围环绕着白色绒状短羽，形成鲜明的白眼圈，故名“绣眼”。背部羽毛为绿色，胸和腰部为灰色，腹部白色；翅膀和尾部羽毛泛绿光。主要栖息于阔叶林和以阔叶树为主的针阔叶混交林、竹林、次生林等各种类型森林中。常单独、成对或成小群活动，迁徙季节和冬季喜欢成群，有时集群多达50~60只。夏季食物以昆虫为主，冬季则主要以植物性食物为主。钱江源国家公园分布广泛，留鸟，较常见。

体长约42厘米，特征为雄鸟的嘴红色，有宽宽的白色眉，全身羽毛鲜艳，翅上还有一对竖起的栗黄色扇状羽毛，像帆一样立于后背。雌鸟就毫无特点，路人甲的角色。平时生活在水里，休息时会停留在树枝或岩石上，主要以青草、树叶和苔藓等素菜为食，繁殖季节则主要以昆虫、小鱼、小虾等动物性食物为食。繁殖期鸳鸯都是成双成对出现。主要在水潭附近出现，夏候鸟，偶见。

鸳鸯 *Aix galericulata*

蛇雕 *Spilornis cheela*

体长 61～73 厘米，特征是头顶具黑色杂白色的圆形羽冠，覆盖头的后部。单独或成对活动，栖息于山地森林及其林缘开阔地带。捕蛇高手，主要以各种蛇类为食。中国古人称蛇雕为“鸩”，并由于其所吃的蛇类中有很多是有剧毒的种类，所以它也被误认为是一种有毒鸟，将它的羽毛浸泡在酒中，就能制成毒酒，因此有“饮鸩止渴”的成语，比喻只顾眼前，不虑后患。

褐林鸮 *Strix leptogrammica*

体长 46～53 厘米，头部为圆形，没有耳簇羽，面盘显著，眼圈为黑色，有白色或棕白色的眉纹。主要栖息于亚热带地区的山林，夜行性，常成对或单独活动。主要以啮齿类动物为食，偶尔在水中捕食鱼类。留鸟，常见。

雕鸮 *Bubo bubo*

体长 55～71 厘米，耳孔周缘有明显的耳状簇羽，显著突出于头顶两侧，长达 5.5～9.7cm，其外侧黑色，内侧棕色，有助夜间分辨声响与夜间定位。多栖息于人迹罕至的密林中，全天可活动，主食是各种鼠类，被誉为“捕鼠专家”。分布范围广，常见。

黑短脚鹎 *Hypsipetes leucocephalus*

体长约 20 厘米，特征为红色的嘴和红色的脚，全身是黑色。还有一个亚种，头和颈部都是白色的，身体是黑色的，这种是白头型的黑短脚鹎。喜欢单独或成小群活动，荤素不忌，荤菜主要是昆虫，素菜是浆果、榕树果、乌桕种子等。一般的树林里都有，夏候鸟，较常见。

黄臀鹎 *Pycnonotus xanthorrhous*

体长 17～21 厘米，特征是额至头顶黑色，喉白色，尾下覆羽鲜黄色。喜欢生活在沟谷林、林缘疏林灌丛等开阔地区。集小群活动，主要以植物的果实与种子为食，偶尔也吃昆虫等动物性食物。较常见，留鸟。

领雀嘴鹎 *Spizixos semitorques*

体长 17～21 厘米，羽色艳丽，上体橄榄绿色，下体橄榄黄色。喜欢生活在溪边沟谷灌丛、亚热带常绿阔叶林等生境中。常成群活动，食性较杂，以植物的果实、种子等为主食，偶尔也吃昆虫等动物性食物。中国特有鸟类，在山区较常见。

白头鹎 *Pycnonotus sinensis*

体长 17～22 厘米，特征是两眼上方至后枕形成一白色枕环，耳羽后部有一白斑，又名“白头翁”。多活动于丘陵或平原的树木灌丛中。杂食性，素类食物主要是植物的果实与种子，荤类主要是农林业害虫，是一种益鸟。长江以南较常见，留鸟，一般不迁徙。

领鸺鹠 *Glaucidium brodiei*

体长 14～16 厘米，上体为灰褐色而且具有浅橙黄色的横斑，后颈有显著的浅黄色领斑，两侧各有一个黑斑，特征较为明显，可以同其他鸺鹠类相区别。栖息于山地森林和林缘灌丛地带。主要在白天单独活动，主食是昆虫和鼠类。较常见。

『我的家乡是鸟乡』『鸟人』徐良怀：

文／这筱

如果人生总是可以主动选择，那些看似偶然的促成我们人生道路的因素，往往是隐藏在我们心理情结深处土壤的种子。

徐良怀的第一颗种子在他的童年就播在了心间。这个在开化山里长大的孩子，和其他所有山里娃一样，对鸟有着天生的敏感：林间的鸟鸣对他们来说是最悦耳的音乐，看鸟儿筑窝或小鸟成长，是他们童年单调的娱乐；养一只捡来的幼鸟当宠物，对一个孩子来说也是件很有责任感的事情。当然，鸟儿也曾经给他们更多的思绪，比如，自己能否像鸟儿一样飞出山外，等等。这些童年时的奇思妙想，却又成为徐良怀多年后的灵感。

二十世纪 70 年代末 80 年代初，徐良怀还在部队的时候，就已经开始玩傻瓜相机，做了个摄影爱好者。到了 2011 年 5 月，徐良怀已是开化广电局副局长。

徐良怀，现居浙江开化，资深鸟类摄影师，浙江省摄影家协会会员，作品《水光潋滟》获第二届中国 · 开化全国摄影大展赛一级收藏作品。

四只白鹇，三雄在前，一雌在后；雄鸟“银装素裹”，雌鸟则貌不惊人。由于这里可以经常遇见白鹇，被“鸟友”誉为最佳白鹇拍摄地。

某天，两只在办公室窗前一棵雪松上筑巢的松鸦，激活了徐良怀早年爱鸟、爱摄影的记忆密码，兴起的他不停地给鸟儿拍照，因为没有专业的设备，始终没拍出好的照片。也就是在那个时候，他下了要买好设备拍鸟的决心。

他果断地在网上订购了自己人生的第一组长焦镜头——适马 150~500 毫米，最终拍出了自己满意的松鸦照片。那种喜悦和激动于他也意味着一种全新体验的开始。从此，徐良怀就迷上拍鸟并一发不可收拾。

在摄影的圈子里，并不是每个拍鸟人都可以称作“鸟人”。“鸟人”的付出、专业和作品其实要求极高。拍摄鸟类无论是对摄影器材还是拍摄技术都有特殊的要求，因为鸟类很难近距离拍摄，你也不知道它们何时出现或出现以后的运动轨迹，所以在镜头、光圈、对焦、快门的使用上都需要长期实践的经验。虽然相机器材有高档低档之分，但器材并不是拍出一张好的鸟图的决定因素，关键在于相机背后拍鸟人的观察应变能力和自身的审美素养。所以说，每一张好的鸟图背后，往往藏着一个艰辛的拍摄故事。

这方面，徐良怀表现出了一个“鸟人”与众不同的个人风格。他对拍鸟有自己冷静的思考和定位：一是不攀比装备，立足现有装备，做到物尽其用；二是不追求鸟种，力求拍好每一种鸟；三是不东奔西跑，努力拍好家乡的鸟。看似这么简单的三条，反面却是人性巨大的诱惑，顶级的器材、能拍到满足猎奇心的鸟种、去全国乃至世界各地拍各种鸟类，这些对专业的“鸟人”来说哪条不充满巨大诱惑？当然，我们也可以理解为徐良怀务实的一面，毕竟那些都太烧钱了，而“鸟人”却是个以爱好和公益为主导的“工作”，很难用市场的角度去衡量。

徐良怀也是幸运的，能在家乡拍出那么多的好图，也是足以让很多“鸟人”羡慕的事。徐良怀拍鸟是一种爱好也是乐趣，是为家乡作贡献的特殊方式。如今，在开化已有264种野生留鸟、候鸟记录，徐良怀就拍到了200种，其中，有70余种鸟填补了当地鸟类资源记录的空白，他也从一个单纯的“鸟人”，不知不觉也成为开化野生鸟类资源的义务普查员。

在摄影这个领域，最辛苦的，就是野生动物摄影这个群体了。很多出彩的动物照片，必须在极端的气候条件下等待多日才能拍到的。拍鸟也不例外，是个累人和繁琐的体力活。在拍摄过程中先得发现目标鸟，然后慢慢地接近它，对焦、构图、曝光，任何一个环节的疏忽，都可能会导致效果欠佳。当然，这个发现目标的过程，有时要花很多的时间去等待，甚至花了时间毫无收获都是正常的，需要很大的耐心和平和的心态去赌“运气”。徐良怀出去拍鸟，常常是天亮出门天黑回家，比正常工作辛苦多了。

2014年7月23日。盛夏气温高达40多摄氏度，开化水多湿度大，又闷又热。从早上5点钟到下午5点钟，徐良怀整整12个小时披着伪装网，趴在湿地草丛里，这种感觉就像在桑拿房里待了一整天。渴了喝口水，饿了吃块压缩饼干，这样的体力和耐力，也就只有军人出身的徐良怀能够承受。

对徐良怀来说，这些年拍鸟的经历，也是个不断学习各种鸟类知识的过程，他也因此积累了当地鸟类的大量一手资料。开化吸引了各地越来越多的“鸟人”来开化拍鸟，徐良怀在那些外地来开化的同行眼中，无疑是本开化鸟类的活字典。从当初的一个摄影爱好者，到今天开化生态环境的传播者，徐良怀的名声在同行中也日渐高涨。

如果哪一天，你在开化的某条山路，看到一个一身迷彩服背着照相器材的背影消失在丛林中，这个人很可能是徐良怀。

暗绿绣眼鸟 *Zosterops japonicus*

紫啸鸫 *Myophonus caeruleus*

画鹛 *Garrulax canorus*

褐林鸮 *Strix leptogrammica*

红嘴相思鸟 *Leiothrix lutea*

领角鸮 *Otus bakkamoena*

戴胜 *Upupa epops*

中白鹭 *Ardea intermedia*

肆

不老的山水与乡愁

2019年7月，一项由傅伯杰院士主持，北京师范大学地理科学学部承担的“钱江源国家公园生态系统评估与可持续管理研究”项目结题。研究结果表明：

△钱江源国家公园体制试点区总碳储量达327万吨，淡水供给量达3.41亿立方米，水源涵养总量达740万立方米，土壤保护总量达0.14亿吨。

△钱江源国家公园体制试点区固碳服务总价值39.2亿元，大气净化总价值1.47亿元，淡水供给服务总价值39.8亿元，水源涵养总价值6.23亿元，土壤保持服务总价值3.19亿元，5项生态系统服务总价值高达89.9亿元。

△钱江源国家公园体制试点区单位面积生态系统服务总价值为12.7万元/公顷，是浙江省的1.2倍、全国平均水平的3.2倍。试点区对周边区域的生态系统服务起着支撑作用，其支持服务是全国的5.4倍、北京的3.5倍、上海的29.8倍、浙江省的2.1倍。

中国天然氧吧

——文/朱寅

每年秋冬季节，如果从太空往地球看，中国大地就像蒙上一层面纱，天昏地暗，$PM_{2.5}$屡屡“爆表”。每日生活在城市的雾霾中，我们渴望找到一个能够畅快呼吸的地方！

“中国天然氧吧”评选活动应运而生。2016年，中国气象局服务中心下属的气象服务协会组织了“中国天然氧吧”创建评选委员会，经过严格的审查、复核、综合评议后，最终浙江省开化县、安徽省石台县、四川省沐川县、黑龙江省饶河县、陕西省商南县、陕西省留坝县、陕西省宁强县、广东省南岭国家森林公园风景区、山东省崂山风景区九个地区雀屏中选，被授予第一批“中国天然氧吧”称号。

什么样的地方才是“天然氧吧”

早在1998年，就有专家提出了“天然氧吧”的概念，经媒体广泛报道，进入社会大众视野，成为公认的生态健康人居环境专业名词。

所谓氧吧，就是可以让人们呼吸新鲜氧气的地方。天然氧吧就是在自然条件下形成的氧吧，在公众的一般理解中，都是植被茂密、空气清新、负氧离子含量高的地方。

根据中国气象服务协会指定的“天然氧吧评价指标”，评选标准分为发展规划、生态环境、旅游配套、地区特色以及获得的荣誉，共5项一级指标，和细分出的16项二级指标，每项指标设立相应的权重分值，总分值为100分。

强制性评选标准，集中在生态环境方面：其一，负氧离子高，年均和适游期月均负氧离子浓度值不低于1000个/立方厘米；其二，气候条件优越，一年中人居环境气候舒适度达3级（感觉程度为舒适）的月份不少于3个月；其三，空气质量好，年均和适游期空气质量指数（AQI指数）不得大于100，全年70%以上天数空气优良；其四，水质好，出境水达到三类以上标准。此外还有一些参考性指标，包含森林覆盖率、政策规划、旅游接待能力，等等。

研究表明，森林中负氧离子浓度明显高于无林地区，森林能有效地增加负氧离子的数量。一是因为森林光合作用会释放大量氧气，森林蒸腾作用产生大量水汽，氧气和水汽容易离化产生自由电子，进而形成负氧离子。二是由于森林具有滞尘作用，尘土减少了，负氧离子损耗也就少。三是森林植物叶面常分泌各种植物精油，也能促进空气离化。

所有评选标准中，最重要的就是负氧离子浓度了。根据世界卫生组织的规定，当空气中负氧离子的浓度不低于每立方厘米1000~1500个时，这样的空气就可被视为清新空气。

关于负氧离子的N个问号

◎什么是负氧离子?

空气分子在高压或强射线——宇宙射线、紫外线、土壤和空气放射线的作用下被电离所产生的自由电子，被氧气分子获得并结合而形成的阴离子，称为负氧离子。

负氧离子分大、中、小三种，我们平时说的负氧离子，一般指在环境中迁移率大于0.4的小粒径负离子，也称作生态极负氧离子，因为负氧离子粒径越小越稳定，在空气中存在的时间会长一些，从医学上讲对人体能产生有益的影响。

负氧离子被誉为“空气维生素”，通过人的神经系统及血液循环系统来调节身体机能，能提高免疫能力、改善心肺功能、促进新陈代谢，使人精神焕发、精力充沛、记忆力增强，利于身体健康。

矗立在古田山的“中国天然氧吧”标志。开化作为首批“中国天然氧吧”之一，7 项强制性指标均为满分，综合评分排名第一。

◎我们生活的地方，负氧离子浓度是多少？

举杭州为例。市中心武林广场负氧离子浓度为 100 个 / 立方厘米左右，这与大多数城市市区的数值一致；西湖景区植物园办公室负氧离子浓度大约 500 个 / 立方厘米左右；远离市区的云栖竹径景区 2012 年测得年均负氧离子浓度为 2514 个 / 立方厘米，成为杭州的“状元”。

◎负氧离子和 $PM_{2.5}$ 有关系吗？

$PM_{2.5}$ 是指大气中直径小于或等于 2.5 微米的颗粒物，也称为可入肺颗粒物，主要来源于工业生产、汽车尾气等。研究证实，负氧离子能与细菌、灰尘、烟雾等带正电的微粒相结合，并聚成球落到地面，降低对人体健康的危害。所以说负氧离子浓度是衡量空气是否清新的重要标准之一。

◎哪些因素会影响负氧离子浓度？

负氧离子的生命很短，只有几分钟，也很脆弱，所以在人为活动较少、植被覆盖较密的山林、溪涧、郊区田野、海滨等地方浓度较高，喧嚣的城市就比较少。植物会进行光合作用，释放氧气。仙人掌、令箭、荷花、昙花等常见植物都能帮助增加负氧离子。不过，室内植物产生的负氧离子浓度较低，与山林植物不可同日而语。

天然氧吧，开化是范本

开化作为首批“中国天然氧吧”之一，7 项强制性指标均为满分，不仅综合评分排名第一，甚至为天然氧吧的评选标准提供了范本。

负氧离子浓度≥ 3000 个 / 立方厘米，即为满分 12 分——开化年均为 3714 个 / 立方厘米；空气优良天数占全年比重≥ 90%，即为满分 8 分——开化城区是 99.4%，基本无空气污染；森林覆盖率≥ 80%，即为满分 8 分——开化为 80.8%……

尤其是负氧离子浓度这个最重要的指标，开化的数值让生活在大城市的人们只有羡慕的份。即便受到车辆尾气、建筑工地灰尘等不利因素的影响，开化城区的年均负氧离子浓度也已经逼近杭州的最高值，更不用说风景秀丽的钱江源国家公园了。

钱江源国家公园的年均负氧离子浓度约为 4500 个 / 立方厘米左右，几乎是城区的两倍。古田山监测到的最高值达到了 14.5 万个 / 立方厘米。

生长在古田山的松萝。松萝生于深山的老树枝干或高山岩石上，成悬垂条丝状，对环境的要求极高，空气中有一点点污染就不能存活，它是最好的环境检测器。所以，有松萝的地方，标志着这里有极好的生态环境条件。

古田山上看云海 绿野仙踪：

……文/宋春晓

“行到水穷处，坐看云起时。”诗人王维曾在千百年前定居终南山边陲，游山玩水，闲适自得。如今，开化也隐逸着一座山：流水，深山，峭壁，青鸟，闲云。若是山间雾起，山雾氤氲出柔和的色调；若是云海生，则可以腾云驾雾，遨游山间。

十一月的古田山清晨，已经能感受到周遭的一股寒意。当地人告诉我，古田山的气温，会比县城低 2~3℃左右。然而，这股寒意却是一点也不惹人讨厌的，毕竟这里是开化负氧离子浓度最高的地方，做个深呼吸，顿觉心旷神怡。清冷的风从脸庞拂过，携着花香、草香和清凉的露水，钻进你的袖子、领口，让皮肤来一次晨间的沐浴。于是，整个人便神清气爽，精神焕发了。

因为要去山上看云海，我们起得很早。看得出，大家也都很兴奋。已入山林，但见林木葱茏，遮天蔽日，耳边的鸟鸣声此起彼伏，山林间时有受惊的飞鸟从树梢飞出。这里人迹罕至，鸟儿自然怕惊。想到我们就是一群扰了鸟儿清梦的外人，不免带着些许歉意。

刚好前夜下了点雨，不多时，深林树木间便穿梭着一层淡淡的雾气。山雾淡而灵动，从远处看，犹如一层薄纱在树林间灵活穿梭，继而缓缓飘向更高的山峰。

向导告诉我们，古田山降雨量丰富，且林木繁茂，日照时间短，所以水汽非常充足且不易蒸发；再加上得天独厚的地形和极高的空气质量，这就满足了云海形成的基本条件。因此，下过雨或者雨过天晴，都特别容易形成云海。

而一年中，又数春、冬两季出现云海的频率特别高。“云海的形成其实很有讲究，云雾的活动高度非常重要。冬、春季节，大气中低层的气温低，层积云的凝结高度低，冷空气活动频繁，这时候云海出现的可能性就很大。入夏以后，随着气温升高，云的凝结高度比较高，云层高度超过或接近大部分峰顶，这时候云雾笼罩，不易看到云海。到了七八月份，开化受太平

升腾的云瀑在山间自由流淌，宛若一幅幅意境空灵的水墨画

沿途的珍稀香果树群落

洋副热带高压控制，气温上升，低云的凝结高度也上升到全年的最高度。山的阴面，湿度大，容易形成对流。上午到中午这段时间，山头会有淡积云和浓积云形成，但由于云层高于峰顶，因而云海少见。”向导告诉我们。

边走边聊着，我们从平坦开阔的柏油路，到长满青苔的山间石阶路，最后进入人迹罕至的深林。待我爬上山顶，眼前的景象令我颇为震撼，情不自禁低声欢呼。这是赶上了云海日出啊！放眼望去，哪里还有山和树！仿佛刚刚路过的广阔山林都化作眼前的一缕缕云雾，飘去浮来，薄纱轻绸；又如奔腾的大海，波涛汹涌，浪花飞溅，“海”上时有飞鸟穿梭盘旋。遥远的那端，一座座山峰在云海间巍峨耸立，日出从山峦间缓缓升起，金灿灿的阳光为白色的云海铺上了金色的绸缎。云雾在眼前缥缈升腾，尽头处，七彩的颜色若隐若现，宛如蓬莱仙境。一不留神，便想要踩着云海，在这仙境里奔跑撒欢。

随行的当地人见惯了这里的云海。虽比我们淡定得多，却也被深深感染，不停地说着“好看”，眼里满是自豪和欣喜：“很多摄影师对古田山云海慕名而来，他们有经验，经常选择在下雨天或者雨后来这里看云海。这时候看到云海的概率比较大，但也不是每次都能见到的。当然，雨天这里的路很不好走。”

我们沉浸在云海中。朝阳慢慢升起，离山头越来越远，天空呈现出更加蔚蓝的颜色，山头开始露出来了。虽是 11 月的秋末，但这里的亚热带常绿阔叶林赋予了古田山绝美的秋色。湛蓝的天空仍泛着晨曦的微光，此时，整个世界都是干净、明亮的。云海变得异常温柔，没有海水的波涛汹涌，唯见云雾在山峦间缥缈。云海散去的地方，露出绿树红叶，比橘子洲头的“万山红遍，层林尽染”多了三分绿。因为前一天下过雨，再加上云海的洗礼，山林树木尽情地展示它们苍翠的身姿。我与树之间，仿佛更近了，它们赤裸裸摇曳着枝桠。身在其中，仿佛在和你一同轻轻呼吸着这里的空气，树叶上没有水滴，却如刚洗过一样透亮，伸手摸摸自己的发梢，带着清凉的水汽。

此时，已经很难感受到一路走来身体的疲惫，眼里心里满是欢喜。曾看到一句话，“如果觉得无聊、愤怒、沮丧，就去看看美好的事物，比如，山川河流，生灵俊秀，又如大自然的伟大杰作——云海。因为大自然总会给你惊喜和感动。”

下山的路上，听人说起冬日古田山的云海，当云海的仙气遇上白茫茫的世界，宛若一副意境空灵的水墨画。我寻思着，待到大雪时，可否再来古田山，看一场雪中的云海？

古山，古树，有古田

文/宋春晓

《广屿》记载：“郊原十亩，名曰古田。”又记曰：“古田名山为东南之名胜，为七十二洞天之一也。”古田山的神秘呼之欲出。这里视野开阔，虽处山巅却掩于森林之中，是心接苍穹、潜心修炼的好地方。

当清晨的第一缕阳光穿透层层山雾，山间的生灵慢慢苏醒。这片保存完好的低海拔中亚热带常绿阔叶林里，珍禽异兽奔腾雀跃，俨然一副原始、自然的纯天然面貌。

然而，你可曾想过，千百年来，这片原始林中曾留下无数名人的足迹。所谓“山不在高，有仙则名”，朱元璋、刘伯温、方志敏这些名人志士为古田山画上了浓墨重彩的一笔。追寻历史的年轮，古田山这座神秘的名山终于揭开面纱，展露在世人面前。

旭日初升的古田山入口，“古田山”三个大字由中国著名书法家、金石篆刻家高式熊题写

苏庄镇“唐头古佛节”是村民期盼风调雨顺、五谷丰登的民间传统庙会，距今已有800多年历史，于2009年入选浙江省第三批非物质文化遗产代表作名录。

寻东南之名胜，话古佛之源流

古田山得名十分传奇。山畔有田，田旁有建于宋朝乾德四年（公元966年）的凌云寺，又名古田庙，正殿书有“山依古田名，境里钟磬生妙谛；寺因凌云志，门前竹韵证禅机”楹联。

古田山的山体主要由火山爆发后变质而成的花岗岩构成，在风化和其他外力作用下容易形成断裂的悬崖峭壁。因此，古田山山势险峻，奇峰突兀。《开化县志》记载：“石耳山东南4.5千米有青尖，为古田山自然保护区的主峰。东南3千米为古田山，由于长期的侵蚀、剥蚀作用形成夷平面残遗，成为一片沼泽地。”

既为灵山，自是神仙名人聚集之地。古田山的传说，可以追溯到宋朝。古田山脚下，有个名为唐头村的小村庄。据清朝宣统庚戌年修的《方氏族谱》记载，南宋理宗嘉定元年（公元1208年），唐头村降生了一神童，名为方元越。方元越自幼聪明好学，气度非凡，且心地善良，助人为乐。一日，他在郊外牧牛，有感于古田山天地精华之道，独自塑一泥像，放入瓦窑中烧制，竟形成古佛金身。方元越遂得道成佛。当地百姓感念于方元越的善

古田山与古田庙

举，认定他是善良的化身，将此佛供奉，十分灵验。明朝嘉靖皇帝听闻，封其为“万代慈尊古佛”。村民年年举行祭祀活动，表达对方元越的怀念与尊敬。此后，每年农历二月十二至十五为唐头古佛节，延续至今，已有八百年有余年，逐渐成为当地村民的信仰寄托。

蕴将相之才，骋凌云之志

在古田山，最广为人知的传说，要数朱元璋的故事。对朱元璋来说，古田山实乃福地。似乎，神灵在隐隐庇佑这位布衣天子。

在古田山入口处，潺潺溪水中可见一块巨大的石头，长7米，宽5米，名曰“点将台”。相传朱元璋曾立于石上，挥兵点将，大破陈友谅，从此逐鹿中原。元末至正年间，朱元璋与陈友谅交战于江西九江，兵败后退至浙江云台（今开化苏庄）。朱军粮草减少，士气日下，情况危急。刘伯温献计，将新鲜稻草和死鱼倒入河中，任其漂流而下。陈友谅见之认为云台乃鱼米之乡，长年围困不是良策，遂下令退兵，朱元璋绝处逢生，在刘伯温的鼓舞下重振士气，调兵遣将。另一种说法则是：新鲜的稻草和鱼不是刘伯温的计策，

古田飞瀑奔流不息，这里森林茂密，是古田山负氧离子含量最高的地方

是真的被大水冲下；富饶的古田山为朱元璋提供了充足的粮草，才得以使军队绝处逢生。

一日，朱元璋与刘伯温前往古田庙附近查看地形，见香火旺，香客络绎不绝，也前来祭拜。住持得知是两位贵人到来，惊喜不已，朱元璋遂也抽了一签，解为：“胸怀大志命不凡，飞马纵横天下扬。擒妖伏虎乾坤定，叱咤风云威名震。蛟龙一吼冲天起，日月风云擎手际。”此为上上好签。朱元璋听罢，十分高兴，遂赐古田庙名“凌云寺”，表达凌云之志。这是凌云寺的另一个传说来历。“凌云寺”的名字一直保留到今天，寺庙后来被大火焚毁，村民翻修，真迹无存，后人便请人重新书写刻在匾额上。

路过古田庙不到百步，便可看到一处道观。相传朱元璋在古田山驻扎时曾深得道士周颠和铁冠道人张中的帮助。当时，周颠正在南昌行乞，他口唱《太平歌》，预言“天下将属朱”。朱元璋得知大喜，便邀周颠同行。传说张中是刘伯温的师父，他从云气中察知陈友谅已中箭身亡，便劝说朱元璋撰写祭文，让死囚在军前诵读。朱元璋依计行事，陈友谅的军队果然迅速崩溃。为感念二者，朱元璋在古田庙旁为两人修建道观，两人也夸赞古田山是修

苏庄草龙。2011 年入选《国家非物质文化遗产名录》。苏庄草龙是唐宋时开化农民庆丰收兆吉祥，期盼风调雨顺、国泰民安的一种民间娱乐活动。朱元璋曾称草龙为“神龙”，并题诗一首：“岁以中秋八月中，风光不与四时同。满天星斗拱明月，拂地笙歌赛火龙。”据《开化县志》载：开化草龙源于唐朝贞观年间，元末明初达到鼎盛。

道的绝佳场所。根据明人王世贞所编的《列仙全传》，最后两人都成了仙。

读到这里，有没有觉得两位仙人有点耳熟？没错，他们在金庸的《倚天屠龙记》中友情出场，扮演了“明教五散人”中的两位。

沿着步行道往山上走，可见一瀑布倾斜而下，瀑布高 30 多米，长年水流充足。站在飞瀑之下，能感受到水花飞溅弥留在空气中的清爽之气。飞瀑下，紧挨着一座古色古香的四角亭子，名为“云台阁”。相传朱元璋屯兵古田山修整时，某日带着随从来到云台阁，朱元璋提议，每人作对联一副，以弥补亭子无楹联之不足。忽见天空大风刮、乌云走，遂有上联：“云来云去风送月。”要众人对下联，并言明以“台”为首字。刘伯温见一时天降大雨，雨点打在台阶上，飞溅起朵朵雨花，遂接道：“台前台后雨飞花。”众人赞不绝口。

再往上走，可见一处面积不大的野茶园，名曰“茶湾”。这里生长着古田山的野茶——高山云雾茶。当年朱元璋饮过此茶后，称赞道：“此茶形美、色绿、香郁、味甘，果真茶中佳品。”又因古田山云雾缭绕，遂命名为“云雾茶”。此茶后成为明朝的朝廷贡茶，而朱元璋也曾亲手在茶湾种下 22

苏庄镇古田村（原平坑村）每年都要举行一场仪式，叫“古田保苗节”。这一天，人们抬着明太祖、关公的塑像走进田陌，并在整个田畈上遍插红、黄、蓝三色小旗，辅以锣鼓和唢呐伴奏。据说凡巡游过的田畈都能无灾无病，稻谷丰收，其实这是人类给野生动物的一种善意的提醒和警示。

株茶树。如今的茶湾在古田人的保护下，完全显现着原生的优美姿态。距离茶湾不远处，还有一潭不大的“潜龙池”，碧波荡漾、泉水清幽，山间林木葱茏，水里鱼虾雀跃，时有珍禽戏水，朱元璋也曾入水嬉戏。

古田山不仅仅只有帝王将相的故事，也留下铁骨铮铮的红色记忆。如今提起古田山的“红军洞”，很少有人听闻。但古田庙墙壁保留的诸如“我们是中国工农红军的抗日先遣队”之类的时代标语见证了这段红色历史。时间倒回到1935年1月，方志敏带领的红十军团进入开化，在这里运筹帷幄。又因红十军团与当地百姓相处和睦，如今还流传着“五将聚会”“感情树”等传说故事。他们为形成以开化为中心的浙西游击根据地作出了贡献，革命的星星之火播撒在古田山，而古田人，也将红军精神一代代传承下来。

一方生态净土，暗藏“古田三怪”

古田山除了有深厚的历史文化底蕴，更有大面积的原始森林，孕育了丰富的生物多样性，使古田山呈现各种神奇的自然景观。古木参天，景色秀丽，沿着山路慢慢走，扑面而来一股清冷的气流，这股清凉钻到身体的每一个毛孔，唤醒你的触觉神经。耳畔则时不时传来珍禽异兽清脆悦耳的鸣叫声。

古田山多古树，“元杉”“唐柏”“吴越古樟”“苏庄银杏”都大名鼎鼎。相传，“元杉”为朱元璋亲手种植，在他的影响下，人们陆续开始种植这种诗意的树种。另一大古树则是银杏。相传苏庄银杏有600多年的历史。朱元璋与刘伯温偶然得到一颗小银杏苗，准备带回驻地栽种，路过苏庄风铃头，一阵大风吹过，银杏落地生根，并长成最大的银杏树。

比银杏更古老的，还有唐头村桥头的唐柏，约有1100多年树龄。树高31米，径粗2.7米。清宣统二年，族人曾作诗“劲节俊风千古在，何须岁暮始峥嵘”吟咏古柏。这便是古田山的三大古树。

古田山孕育了丰富的植被，也暗藏神奇的自然景观（瀑布、云海）还有“古田三怪”：“螺无尾”“蛇不螫”“水有痕”。

第一怪“螺无尾”。闻名全国的古田山青蛳是没有尾巴的，有的人以为是尾巴被剪掉了，其实不然。“螺无尾”的原因，主要是得天独厚的古田山自然环境。古田山山势陡，水流落差大，加上长年水流量十分充足，加大了河流的冲击力。在长年累月的冲刷下，青蛳的尾巴逐渐消失。抑或是民间传闻，当年朱元璋爱吃青蛳，却嫌剪尾麻烦，随口说了句“要是青蛳没有尾巴就好了”，于是青蛳果真不长尾巴……总之，“螺无尾”对许多美食爱好来说，是古田山神灵赠予的礼物。

古田山第二怪则是“蛇不螫”。众所周知，原始森林多虫蛇，古田山也不例外。曾听当地人说起，从前上山，为了遮风挡雨，村民大多会戴一顶斗笠。脱帽休息，斗笠处抖出一条小蛇也是常有之事。然而，却从未听说有人被蛇咬。清光绪年间修的《开化县志》记载：“古田山县西百里，高十五里，山中有虎不啮，蛇不螫……”据说，朱元璋当年在山上驻兵，担心自己的将士被蛇咬伤，便祈求神灵庇佑，果真，蛇不再咬人。从另一方面说，古田山完善的生态系统为蛇提供了丰富的食物，加上少有人类干扰，蛇的生存空间未被破坏，自然很少咬人。

第三怪“水有痕”说的是用手在水里轻轻划过，便会留下淡淡的痕迹。专家解释，古田山的水因浸入花岗岩风化和强烈缝隙孕育而成。经过山脉深层15年以上天然过滤，古田山的水含有大量锶、锂、锌、偏硅酸等微量元素，营养物质丰富，水的密度也偏高，所以会有痕迹。

从一座原生态的名山出发，沿着时光追寻，踏着名人的足迹，感受着代代相承的精神遗产，不知不觉间，这种无形的力量渗入这片净土，与天地日月之精华形成另一种灵气。这大概，是古田山神灵的另一种庇佑吧。

唐柏。约有1100多年树龄。树高31米，径粗2.7米。清宣统二年（公元1910年），族人曾作诗“劲节俊风千古在，何须岁暮始峥嵘”吟咏古柏。

钱江源头有个茶香小镇

--- 文／这筱 朱寅

开化县齐溪镇地处浙、皖、赣三省交界处，境内有钱塘江的源头莲花尖，左溪、桃林溪、龙门溪聚齐汇合，流入马金溪，故名“齐溪”，素有钱江源头第一镇之称，是浙江的西大门。齐溪镇也是龙顶茶发源地，故名“源头茶香小镇”。

这里山高林茂、谷狭坡陡、瀑布飞泻、溪流潺潺，有莲花塘、莲花溪、天子湖、枫楼坑、大峡谷飞瀑等自然景观 40 余处。森林面积 13.9 万亩，森林覆盖率达 91.3%。倘若你想体验森林生活，齐溪镇是最合适不过的了。

齐溪也是个自然和人文融合的典型性样本，这里还有鸣凤堂、溥源堂等一批保存完好的古建筑、古民居，是了解当地人文地理的活化石。齐溪也是个物产丰饶的地方，除了茶叶，还有油茶、清水鱼、竹笋、野生葛粉、野生蜂蜜、野生兰花、土鸡、笋干等众多农家美食，让人不由得舌苔生津。

一杯清茶 一颗静心

“一江挑两龙，源头产龙顶，源尾产龙井”，齐溪镇大龙山是开化龙顶茶的发源地和原产地保护基地。

相传在元朝末年，朱元璋与陈友谅鄱阳湖大战，兵败九江后，带兵休整来到了开化大龙山。他与军师刘伯温正感口渴，浑身无力，便信步走进一户农家，这家老农第一次见山外客人，马上沏了两碗刚刚炒制的新茶。朱元璋喝着喝着，满口生香，顿感神清气爽，精神抖擞。他就问老农：“此茶产自何方？”老农道：“这是我们家的土茶，就在后山山涧的龙潭边。”朱元璋心想：“我在大龙山上喝龙顶潭边的好茶，这定是个好兆头，或许就是我的转运之时。”他对老农说：“我今天在大龙山喝龙顶潭边的茶，真是天龙赐予我也，这就叫大龙茶吧。”说完便让军师刘伯温铺开笔墨，当即写下了“大龙茶”三个大字，后来渐渐演变成为“龙顶茶”。

开化茶叶在明清时已为贡品，据崇祯四年（公元 1631 年）县志记载“茶出金村者，品不在天池下”,“进贡芽茶四斤”。清光绪三年（公元 1877 年）“茶

美丽的采茶姑娘

叶开始出口”。清光绪二十四年（公元 1898 年）县志记载，芽茶进贡时“黄绢袋袱旗号篓”。

开化龙顶茶是选用一芽一叶初展或一芽二叶为鲜叶原料，外形紧直挺秀、银绿披毫，香气馥郁持久，滋味鲜醇甘爽，汤色杏绿明亮，叶底匀齐成朵，具有“干茶色绿、汤水清绿、叶底鲜绿”的“三绿”特征，和“好看，好闻，好喝”的“三好”特点，早为绿茶一绝，所以有了源头龙顶源尾龙井的说法。

虽然龙顶的命名和出名都和朱元璋离不开关系，但如果我们的认知仅停留在这个层面，其实反倒远离了事物的本性。当你用一只长长的玻璃杯温润后放上一撮龙顶，再取钱江源的山泉水，烧开后冲泡，便会看见芽尖在漫舞并缓缓舒展，水中叶底经脉分明。随着茶叶慢慢下沉，一片片又竖立于杯中，仿佛是绿丝插在杯底，构成有趣的水中森林。俄顷，一股清香悠然而出扑鼻而来，淡雅醇厚而袅袅不绝，你仿佛又重回了那片山林之境。意起而忘言，这便是茶的禅意。

和而不同，舒而不散。开化的味道，或许全在这一杯龙顶的茶水。

九溪龙门 步步皆景

鱼跃龙门方化龙。以水为脉，是江南古村落的共通之处。齐溪镇有一条龙门溪，滋养了一个美丽的村庄——龙门村。取名“龙门”，是因为有九条小溪汇流在村西北百尺深潭内，深潭两岸峭壁直矗，形似狮象把门，只能通过一个竹筏，故称“龙门”，相传鱼儿能在此飞升化龙。

龙门溪以“S”形的路线穿村而过，如果站在山顶俯视整个村庄，看到的是一个精致的太极八卦图，古朴而自然。行走在村子里，弯弯曲曲的溪流清澈见底，草木葳蕤，满目青翠，连衣服都映成了淡淡的绿色。

由于龙门村与安徽毗邻，深受徽派文化影响，村中随处可见粉墙青瓦马头墙的徽派古民居。村里多姓杂居，汪姓由徽州篁墩迁徙而来，余姓由淳安余村迁徙而来，赖、黄二姓则由苏庄平坑迁徙而来。汪家和余家各有一座古祠堂。

余家宗祠取名“鸣凤堂”。相传百鸟之王凤凰飞至龙门余家村时，一声啼叫，“凤鸣高岗”，于是村中一处祠堂就取名为“鸣凤堂”。据《璜堂余氏宗谱》载，鸣凤堂建于清咸丰辛酉年，距今已超过150多年历史。祠堂位于余家村西南部，坐西朝东，依次为戏台、大厅、后堂。

鸣凤堂最大的特色就是建筑内有三十多幅壁画，大部分分布在正厅，不仅画在墙壁上，连梁上也有。第一进戏台，上方藻井上有壁画，顶篷一个格子一幅场景，并有“乐韶舞”“歌应南风”匾，整体结构完整。 第二进面阔五间，通面阔10.75米，梢间上有人物故事壁画：文官武将、神仙侠客，各种人物神态各异；麒麟猛虎、良驹飞鸟，各种动物栩栩如生；还描画了山川河流、城池沙场等各种场景。这些壁画总体看保存完好的居多，但部分光照强烈、雨打风吹的壁画破损会严重些，而戏台边有两幅只留下一点痕迹了。

另一大姓汪氏也建了一座祠堂：越国宗祠。祠堂坐东南朝西北，共三进，进间有天井。建筑无门墙，用木栅栏隔断，木格扇门，上方挂“越国宗祠”匾。第一进设戏台，歇山顶，木构件雕梁画栋，戏台上方有藻井，前檐正中有“今古奇观”牌匾，后挂“乐奏升平”牌匾。一二进间天井两边回廊有楼，天井用青石块砌筑。第二进梁架用材较大，明间为五架抬梁带前卷棚。正堂上方悬挂“溥源堂”牌匾。第三进有楼，硬山顶，阴阳合瓦，有屋面板，地面高出二进 1.35 米。楼下正堂上方挂“应风宛在”牌匾。二进两边有六级石踏踩通向三进。整座建筑柱砖有八面形、圆形、方形石柱础，三合土地面。据《汪氏宗谱》记载，溥源堂为清光绪二十九年建，2003 年修缮。

眼下，乡村休闲旅游在龙门村发展得如火如荼。村中的农家乐、民宿均为徽派建筑，统一打上了“龙门客栈”的旗号，由村集体统一经营。

清溪、古屋、美食，这个小山村的各种元素十分协调，无论是仰望还是鸟瞰，龙门村皆是一派原生态的山水田园风光。

余家宗祠“鸣凤堂”，建于清咸丰辛酉年，距今已有 150 多年历史

依山傍水的龙门村，一派原生态的山水田园风光

有鱼最鲜甜 江南有何田

文／丁丹

幼时非常喜欢张志和的《渔歌子》“西塞山前白鹭飞，桃花流水鳜鱼肥”。曾以为那是再也难以一见的画面，却不想这一次何田乡的古法养鱼，终于圆了我这个梦。

——题记

青山绿水好空气　古法活流清水鱼

我曾对鳜鱼非常向往，及至吃到，也觉得不过如此；鲥鱼这种向来只见于书本里的鱼，我自然是没口福品尝到的；因为素来不喜生食，鱼脍也极少吃；至于鲈鱼，也颇觉得“盛名之下其实难副”。所以，即便开化清水鱼声名远扬，我也并无太多期待，直到来了何田。

正如向导说的：“不是每一种清水鱼，都能有资格称之为‘开化清水鱼’。”开化人公认的清水鱼出自何田乡。我们跟着导航下高速，在曲曲折折的乡间小路上行驶了大概半小时后，来到了何田乡柴家村的淇源头自然村。

眼前的村落古香古色，坐落在青山碧水间，沧桑而幽静。村前的小溪清澈见底，溪底的石子清晰可见，岸边半绿半黄的野草随风摇摆，凑近看，还有鱼儿在水中欢快地游动，全然就是想象中这个村子的模样。

何田民间称：“要了解何田人，当然得了解清水鱼。”向导是何田当地人，对清水鱼可谓是知根知底。问：“何田乡的鱼是什么鱼？为何称之为正宗的‘清水鱼’？”答：“是草鱼。因为是古法养鱼啊！”

所谓的古法养鱼，据说最早可追溯到唐代中期，从寺庙的放生池衍变过来。现代的养鱼户则用石块垒成塘埂，砌成四方形水池（一般建在背阴处，因为鱼不喜欢阳光），底部铺上鹅卵石，引进高山泉水或溪涧山泉，泉水一进一出，长年不断，常换常新。投鱼于鱼池中进行养殖，品种以草鱼为主，搭养鲤鱼、鲫鱼。鱼池面积一般 5~10 平方米，水深

“高源一号”。古法养鱼，
历史可追溯到唐代中
，天人合一的理念在
里体现得淋漓尽致。

约 0.8 米至 1 米。池中只投以山间新鲜青草，不放其他饲料。

这种独特的养殖方式，不仅融入了“天人合一”的生态理念，还将山泉、坑塘、草地组成一个复合式生态系统。如此一来，可以自由自在游动的坑塘，富含负氧离子的新鲜空气，纯天然无公害的山间青草，流动不息的溪泉，让何田的鱼儿宛如在大自然中自由成长。

俗语曰：“水至清则无鱼”，但开化的山区坑塘的至清之水却能滋养最鲜美的鱼儿。这是因为开化地处钱江源头，山清水秀，又由于地势较高，水温较低，鱼类生长缓慢，且养殖坑塘因水深较浅，长期的日晒或强光照射，使清水鱼形成鱼体背部逐渐变黑，而肚皮亮白的特殊外观。

用这种方法养成的清水鱼，鱼身黑黢，鱼目发光，鳃色红艳，肉质细腻鲜嫩有弹性，无塘泥之腥味，是鱼中上品。不仅味道鲜美，且营养丰富，氨基酸含量是普通草鱼的 3 倍，维生素 E 含量高达普通草鱼的 19 倍。据说还能治头疼体虚，有营养与保健的双重功效。

由于生长环境和饲养方式独特，草鱼生长极慢，每年至多只长0.5千克。从一个鱼苗长到成年，至少需要两到三年的时间。普通草鱼在市场上的卖价为7元/千克，而开化“清水鱼”却可以卖到30元一千克，甚至更高。显然，这一方自然山水的灵气和那份源于天然的淳朴值得这个价！

我们还在淇源头发现了一条“鱼王”。养殖鱼王的户主叫汪良标。养殖鱼王的池子建在背阴处，大约12平方米，池底铺满沙石，除了几条流动的鱼，便只有零星几根漂浮在水面的青草（据说是汪良标特意从山上采来喂鱼的）。池子靠近溪流，进水口依河流上游而建，溪水从进水口来，再从出水口流出去。

靠近鱼池，向内张望，池水清冽，寒气逼人。重达15千克多的鱼王，一米多长，正安静地待在角落，一动也不动。听闻曾经有游客要以7000元的高价，买下汪良标这条养了23年的鱼王，被他摇头拒绝了。在汪良标看来，这条鱼陪伴他多年，之间的情分早已非金钱可以衡量。

现在他每天爬下这五步石阶，看看他的鱼。比起养殖，这更像是一个相守的故事。一位80岁的老人和一条23年的大鱼一起书写的故事，在一方鱼塘中。

红椒绿葱乳白鱼　味味真鲜

参观过鱼塘后，我们就地选择了当地一家清水鱼馆，准备去一尝究竟。

到的时候，午饭时间已经过了一大半，前来吃饭的人依然络绎不绝。向主人说明了要全程观看清水鱼的烧制过程，就走向了厨房，准备挑好地方，窝在角落里等待。

一走进厨房，传统的土灶，带着家常的气息迎面扑来。随着电磁炉、天然气的普及，土灶以难以预料的速度退出了厨房，取而代之的铁锅冰灶，却再也难回记忆中的温馨。

只见厨娘将新鲜的一条草鱼宰杀，切块备用。然后，将油倒入热锅，待有油烟冒出，便放入姜末、蒜末，再把准备好的鱼放进去翻炒几分钟，一时间，腾腾上升的水雾遮住了视线，隐隐约约还能看见锅里的鱼块。等到加入黄酒、啤酒和水之后，水雾漫天，却是半点也看不清了。盖上锅盖煮15分钟，揭开锅，一阵香气迎面扑来，再放入适量的紫苏去腥，几段辣椒，几段小葱，清水鱼就大功告成了。

清水养鱼，青草喂食，清水鱼的价格可比普通草鱼高得多

刚出锅的清水鱼

因为全程旁观，能明显地看到在加入紫苏的时候，锅内的鱼汤已经与出锅后的鱼汤颜色相差无几。等到端上来，大家已经争先恐后地围观了起来：一大盆刚出锅的鱼热气腾腾地放在眼前，鱼汤呈奶白色半透明乳质状，鱼肉晶莹似玉，肉质鲜嫩，边缘微卷，汤汁清醇，鱼汤上面还飘着几段红辣椒和几段碧青的小葱，看着就让人食指大动。

迫不及待给自己盛了一碗，夹起一块鱼肉放进嘴里。无腥，刺少，鲜嫩，滑爽。除了鱼肉本身的柔韧，还有几丝辣椒的鲜辣和小葱的清新，咀嚼几下，回味无穷。又舀起一口鱼汤放进嘴里，紫苏遮盖了鱼本身仅有的一点腥味，奶白色的汤汁，清新爽口，有酒的醇厚、鱼肉的鲜美、生姜的火热、辣椒的直爽。一碗下去，只觉得头冒热汗。仿佛体内的寒气和疲惫都逼了出来，可谓是舒服极了。

饭没多吃，鱼汤倒是多喝了几碗。村中岁月短，一上午时间如指缝流沙，不知不觉就过了中午。这一场清水鱼盛宴，宛如闯入一个世外桃源的梦，即便离开，也能回味半生。

与大自然的交流中，开化人已形成一套处世哲学：取之有度，用之合理，不过度索取。300 多年来，清水鱼能在这里悠然自得，恐怕也正是这个原因。

七彩长虹 诗画乡村

——文/朱寅

当下是一个急速步入工业文明的时代。大量的古村落在机器轰鸣声中倒下，昔日文人心目中的天堂杭州、苏州，早已不复田园风貌，正如苏州作家叶兆言说："工业化城市彻底颠覆了鱼米之乡……农村的概念眼看着就要不复存在。"但可以确定的是，今天城市人对田园的向往一天比一天强烈。

这次在钱江源国家公园采风，我们闻到了乡村烟火的气息。

钱塘江上游的水系像一棵倒置的参天大树：马金溪为"树干"，何田溪、池淮溪、龙山溪等支流是"树枝"，那些散落溪边的村落，就是枝头结出的累累硕果。他们的祖先，有的是随晋室南渡、宋室南渡队伍中的北方大族，有的是从徽州迁移来的商人，有的是中原多次战乱的流民。安史之乱、黄巢起义、清初三藩之乱，等等，浙西、浙南都是重要的避难所。

也许是因为地形险要，交通闭塞，很多浙西、浙南古村落受城市化的影响比较小，保存下较完整的、具有古朴和原真风貌的传统建筑，和"山水—村落—农田"的古典格局，宛如世外桃源，可以让人无忧无虑地在此生活。

桃源村：江南也有"布达拉宫"

2017 年春，我和三个朋友驱车去桃源村台回山。沿着 205 国道，往七彩长虹方向行进约 25 千米，便进入长虹乡境内。

桃源村是一个藏在大山褶皱中的村子，台回山就是一个梯田的世界。梯田从山脚一直攀爬到海拔 600 多米的高坡，最多处有 100 多层梯田。

4 月的台回山，油菜花已进入盛开期，层层叠叠，错落有致，犹如洒金般的美丽。山间柔美的线条像行云流水一般。一切都刚刚被春雨洗过，远处青山含黛，近处芸薹流金。

上山有两条路可以走，一条沿着油菜花田里的蜿蜒小道徒步而上。山背后还有一盘山公路，可以开车上去。我们自然选择了步行上山。

春天里的台回山，远看就像金色的“布达拉宫”

站在不同的高度看台回山会有不同的感觉。当我们站在山脚，仰望半山腰的村庄，幽绿的山溪，映衬着层层叠叠的空中金黄，台回山犹如云中仙境般不可触摸。我的目光一下子被吸引住了：“这里真像金色的布达拉宫。”

桃源村是一个阶梯式村落，背靠着台回山。山体下方略平缓，被开垦成梯田；为了节约耕地，所有的民居都独辟蹊径，建在坡度较陡的半山腰以上。建筑一层一层沿着山体不断向上递进，每层落差 2~5 米，远望宛如悬挂在山坡，在梯田上翻飞，但没有一丝一毫的凌乱，鳞次栉比、错落有致地排布着。也有专家说，浙西逶迤起伏的丘陵山地，是最符合风水学理想村寨的地形。这种建筑格局，远望去跟布达拉宫还真有几分相似之处。

我们沿着山坡小路攀行，偶尔路过一两栋黄土夯筑的民房，仿佛误入一幅“村在山中座，人在画中行”的山水丹青。差不多 40 分钟后，我们爬到了山间的小村子里，虽然春寒料峭，我们已经是满头大汗了。山上有一处可俯瞰梯田油菜的观景台，远山层层叠叠，一改一路行来的清丽气质，梯田恰似一幅大气磅礴的油画，一层层如练似带，从山脚盘绕到山顶，蜿蜒的小路散落其中。再华丽的辞藻，用来形容这片梯田，都是苍白无力的。

然而在山区，四月的天就像小孩子的脸，说变就变。前一刻还是晴空万里，转瞬间便大雨滂沱。我们只好收拾起陶醉的心情，带着遗憾匆匆下山。到了 5 月份，梯田会种上水稻，到时便是“天光云影共徘徊”的醉人美景。

范氏宗祠。位于桃源（今大举自然村）村口，占地面积500平方米。“桃源范氏”始迁祖为范仲淹的第五代孙范纵。据现存的《桃源范氏宗谱》记载，清乾隆十五（公元1750年）就有范氏宗祠，以祀礼于祖宗。

台回山的梯田虽是开化最美的，但还算不上最大的。九山半水半分田的开化，缺什么也不缺山，海拔超过千米的山有182座。因此，开化的先民从宋代开始，就费尽辛苦地在山中开辟梯田。

梯田是中国农耕文明最让人惊艳的产物之一。先民用锄头镰刀和汗水，伐去山上的灌木与荆棘，挖去乱石拣尽杂砾，在高低起落的坡地上，经年累月日复一日，开垦出一小块、一小片的田地，或宽或窄，或长或短，不规则地依山势上下伸展。即便春种一兜稻秧、秋收一把稻谷，也不会轻易放弃。如今，留在台回山耕种梯田的，大多是留守的老人，他们日复一日，年复一年，在这里种下生命之根，付出自己的每一滴气力，收获大地的恩赐。

高田坑：星空下的乡居秘境

距离台回山不远，还有一个真正隐藏于大山深处的世外桃源之所：高田坑。

第一次听到高田坑这个名字，是听说这里有整个华东地区观星条件最好的地方，天空通透度堪比青藏高原，天光高度非常低，天文观测条件甚优。

高田坑的夜空，这里是华东地区观星条件最好的地方，没有之一

梨花盛开的高田坑。这里海拔高达600多米，是开化地理位置最高、保存最完整的原生态古村落之一。

杭州市天文学会秘书长楚楚曾说：“之前我们去过很多地方寻找观星点，可当我们第一次来到开化高田坑时，就被那璀璨的银河深深地征服了。”

虽然没有看星星的计划，但我们还是决定去高田坑一游。长虹乡全境贯穿着一条河——碧家河，沿着碧家河一直向前，行至霞川村，在村中一处偏道右拐，就来到了高田坑的山脚下。到了这里，还要再开5千米盘山公路。

我有着多年自驾游经验，一向自诩老司机以及女司机中的“战斗机”，却在这条路上开得流汗。短短5千米，132道大弯，弯急弯频不说，大部分路段极窄，只能容下单车，两辆小车根本无法交会，要交会只能提前留意，停在稍宽的弯道处，小心翼翼通过。然而，就是这条既窄又陡的路，通车才仅仅9年，可以想象在没通路的2008年以前，这里村民的生活状态是何等的封闭。我的内心反而期待起来，正是封闭，才能保存最原汁原味的古味。

也许是因为山坡太陡峭，先民放弃了像台回山那样开垦梯田的打算，而是直接把农田和村庄搬到了较为平缓的山顶，村的名字大概由此得来。于是，

海拔高达600多米的高田坑，成了开化县地理位置最高、保存最完整的原生态古村落之一。

村口有一个宽敞的停车场，然而连我们的车在内，就停了两辆，看来由于路途艰险，访客屈指可数。

村口一座晚清的廊桥将水泥马路和现代文明隔绝在村外。廊桥门窗墙壁完好，经修缮后的柱头椽子也以新换旧，架设在头顶栋梁上，有“始建于大清光绪十六年吉旦”（公元1890年）的字样，还有搁置在墙边亭角的石磨、石臼，架放在屋梁上的牛犁、耙、耖等生产用具。

过了廊桥，一只乖巧可爱的小土狗跑出来迎接我们，先是瞪着眼睛呆呆地望着我，然后就绕着我的小腿求抚摸，那可爱的小模样让我们心都化了。

在小狗的陪伴下，我们开始逛村子。村中的行道由鹅卵石砌成，四通八达，拾级而上，石阶两旁长着苔藓及蕨类植物，黄墙黛瓦的民居错落有致地镶嵌在起伏不大的梯田间。

古村面积不大，四面环山，整个村落外形酷似一盏燕窝，南北宽 700 多米，一条 200 多米长的小溪东西贯穿全村。开化民居风格受徽州影响较大，多为徽派建筑，高田坑却是一种完全不同的风情。外形虽略似徽派，然建筑主体却采用了闽地夯土的形式，黄泥夯筑的墙体远望为橙色，屋顶由黑灰色的瓦片垒成，布局显得随意、粗犷。如果说徽州民居是庙堂里的绅士，那么高田坑民居就像江湖上的隐侠。

村里的 88 幢老房子，住了 132 户人家，600 多人，却有 150 多口鱼井。我们在村子里看到的，大多是蹒跚的老者、奔跑着呼喊着的孩童和劳作的中年妇女，毕竟年轻人是要出山打拼的。山民很淳朴，遇到我们会腼腆微笑。出门劳作也不锁门，即使晚上睡觉也只是虚掩着大门。偶尔也能看见人去楼空的老屋，只剩下残垣断壁、枯草丛生，诉说着岁月的变迁。

古村身处在绵延的原始次生林中，随处可见参天大树，甚至有一株千年的南方红豆杉，三个人手拉手合抱都抱不拢。村民口口相传："先有红豆杉，后才有高田坑。原先这里有两棵南方红豆杉并列生长，古时有个妖怪在村里残害人畜，村民焚香点烛，乞求上天保佑，果然晴天霹雳，妖怪躲进树洞，轰隆一声巨响，雷公把妖怪劈死，南方红豆杉也连带遭殃，现存的这棵南方红豆杉也被劈中半边身子，所以每年只有半棵树上能结籽。"

我们沿着弯曲村道，走巷穿弄，来到村后最高处的一块观景台上。远望，山林在飘忽的云雾中若隐若现；俯视，黄墙层层叠叠，黑瓦鳞次栉比，苍莽古朴。点点滴滴，都凝结着千年安宁、现世安稳的乡居写意。

这里橙黄的乡土建筑，表面看起来朴实无华，却是浙西、浙南原生态民居的活化石。老房子与大地的颜色一致，与人的皮肤相近，正好契合我们祖先提倡的天人合一的思想。

观景台旁边，我们惊喜地发现一块古墓碑。这块古墓碑 1963 年被发现，"文化大革命"时"破四旧"，被遗弃在河边当洗衣石；2012 年，村里清理河沟时再次发现，便在发现地就地保护。碑文因时间久远，长期未受到保护，已经模糊不可辨识。考古专家从其外形、图案考证，认为其应该是南北朝时期帝王级别的陵墓石碑。

开化最早出现在史学家笔下，是在北宋乾德四年（公元 966 年），吴越最后一个国王钱弘俶分常山西镜七乡置开化场。倘若这块碑的年代属实，开化的历史将至少往前推 400 年。然而，南朝四国，宋齐梁陈，定都均在建康（今南京），皇帝显然不可能安葬到浙西的一个小山村，那么墓中到底安葬的是谁呢？

春暖花开高田坑

村口建于清代的廊桥

我开始放飞想象力。南朝社会动荡，政权频频更迭，也许有一位政治斗争失败的帝王，带着护卫侍从逃亡在浙西绵延不绝的山岭中，有一天他来到高田坑这个地方，终于病倒了，药石无治，最后驾崩于此。侍卫们只能将这位帝王安葬于此，因为条件简陋，建不了地宫，也无法准备陪葬品，只能为他立了一块碑，显示他的尊贵身份。1500 多年过去，岁月的雕琢彻底抹去了帝王将相的痕迹。

正赶上午饭时间，村里炊烟袅袅，让我不由想起陶公的诗："暖暖远人村，依依墟里烟。狗吠深巷中，鸡鸣桑树巅。"千年前的桃花源仿佛描述的就是这个情景。

随感

什么是古典中国？山水相连，鸡犬相闻，五谷丰登，耕读传家。古典中国是器物的，也是文化的，更是与日常生活交织的。传统，本来就应该以一种生活方式而长久存在，真正的古典范儿在漫长的岁月里，从未远离。然而，时光流转，当下经济发达的中国，曾经古典幽静的田园世界，却成为一个遥不可及的梦。

这次，我们在开化长虹乡，看见了这个梦的实体。那种独特的人文气息，早就融进了当地人的日常生活。因此我将这方水土视为古典中国的样板。

古人云：『浙东贵专家，浙西尚博雅。』客观地说，绵绵群山的浙西长期以来是江南文化圈的边缘地带。然而，在江南底色早已褪去的今天，开化古村落的意义凸显。这里的古树古桥、古村古道、古街古物，都让人感受到古典中国的伟大、美好与亲近。从这些历史留下的陈迹中，我们能体会到作为一个中国人的归属感。这种归宿感没有了，民族的记忆也就消失了。

钱江源国家公园留下了这一方珍贵的小天地。幸甚！

链接：中共闽浙赣省委与浙皖特委

1934年7月，寻淮洲、乐少华、粟裕率领的红七军团奉中共中央、中军革委命令改称为北上抗日先遣队，为调动和牵制敌人，减轻国民党军队对中央根据地的压力，经福建北上两度转战开化境内；其后，红七军团与方志敏领导的红十军会合，组成红十军团，并成立以方志敏为主席的军政委员会，继续向浙皖边和皖南行动。红十军团曾在开化境内同十倍于己的国民党军队进行艰苦的浴血奋战，先后组织了大龙山（齐溪镇）战斗和徐家村（桐村镇）战斗。最后，终因敌我力量的悬殊，在浙赣边界的怀玉山地区，红十军团遭到严重的损失。方志敏被俘，英勇就义。粟裕率红十军团余部在浙赣边突围后，转战于闽浙赣边，坚持游击战争。在开化境内大龙山战斗中，担任侦察和掩护任务的刘智先连，奉红十军团领导的命令留下；红十军团一些失散的指战员和部分安置及掉队的伤病员先后汇集于开化境内的邱老金、张春娜、宋泉清三支游击队，为其后的浙西游击根据地的发展，奠定了坚实的武装基础。

1935年春，闽浙赣苏区的中心区域遭到国民党军队的残酷的"围剿"。而开化的游击队在红十军团余部的补充下，游击根据地相对地得到较大的发展。5月，在长虹库坑建立了开（化）婺（源）休（宁）中心县委。7月，闽浙赣省委机关转移到开化的库坑，直接领导浙西开化和皖赣边的革命斗争。开婺休地区的党组织有了很大发展，先后建立起福岭、栗木坦、龙头、田坑、源口、大智头、库坑等7个中心区委；有107个党支部，拥有党员470名；20个团支部，团员200多名。党组织分布开化全县各地。同时，广泛深入地开展游击战争，组织多次战斗，给国民党军队以沉重打击，使开婺休中心县委得到了巩固和发展。

1936年4月，闽浙赣省委召开扩大会议，确定了广泛开展游击战争总方针。闽浙赣省委改称为皖浙赣省委，将皖浙赣游击区，分设为开婺休等五块，分设五个特委。7月7日，皖浙赣红军独立团在开婺休游击大队的配合下，一举攻克了开化县城，俘虏了巡察队、保安团壮丁百余名，缴获机枪6挺、步枪100余支，子弹四万余发，电台1部。开化大捷后，红军独立团和开婺休游击大队在福岭山召开了庆功大会。省委书记关英和省委秘书余

中共闽浙赣省委旧址

玉堂在归途谱写了一首《打开化县歌》，此歌很快流传于皖浙赣边数十县。红军攻克开化县城，极大地鼓舞了皖浙赣游击根据地红军游击队和劳苦大众的革命斗志，也极大地促进了以开化为中心的浙西游击根据地的发展和巩固。

同年 8 月 13 日，开婺休中心县委在福岭山四十把召开了县、区两级党组织负责人、游击队干部的重要会议。会议决定：根据省委指示，将中共开婺休中心县委改为中共浙皖特委，同时建立浙皖军分区。赵礼生任中共浙皖特委书记，兼任军分区政委；邱老金任特委常委、军分区司令员。开婺休游击队大队升格为浙皖红军独立营，邱老金兼营长。中共浙皖特委下辖婺（源）德（兴）中心县委、衢（县）遂（安）寿（昌）中心县委、休宁（龙头）县委、开化县委、婺源中心区委。各中心县、中心区的游击队升格为游击大队，均属浙皖军分区统一指挥。会议中印发了《中共浙皖特委关于中共开婺休中心县委改为浙皖特委的通知》，通知如下：“省委为加强这

中共浙皖特委旧址

方面党的领导，更广泛地开展游击战争，创造更多的游击区域和新的游击根据地，准备将来开展大块新苏区，并多多发展新的游击队和创造更新的主力军，更为有力地配合全国主力总反攻，及争取我们反攻中决战全部的胜利，尤其是在目前这方面更极有利我们向前发展。因此决定将以前开婺休中心县委改为浙皖特委，即日执行……”

中共开化县委、开化县苏维埃政府和开化游击队同时建立。赵礼生兼任开化县委书记和县苏维埃政府主席，钟雨书任县苏维埃政府副主席；邱老金兼任县委常委。开化县委和县苏下辖福岭山、库坑、源口、西源（常山境内）4 个区委和区苏。区苏下面还建立有乡苏。开化县苏建立了开化县游击队。浙皖特委成立后，巩固发展党组织。特委下辖的中心县委、县委、中心区委相继成立。婺德中心县委于 1936 年 8 月建立后下辖 3 个区委；衢遂寿中心县委于 10 月成立，下设 6 个区委；休宁（龙头）县委于 5 月建立，下设 4 个区委；婺源中心区委于 8 月建立；开化县委下设 4 个区委。在开化境内共有党支部 89 个，党员 437 人；团支部 31 个，团员 276 人；同时建立贫农团 110 个，贫农团员 3416 人；妇女会 46 个，236 人。

8 月，浙皖特委在开化舜山召开地方工作干部会议。衢、遂、寿、常、开边工作团随之建立。各中心县（县、区）都建立了游击队，在特委、军分区的统一领导和指挥下，在千里岗地区，广泛开展游击战争。邱老金率浙皖军分区独立营开赴遂安的木花坑、大源、横源、鲁家田、苦竹坞一带；严忠良、柴老三率游击队活动于遂安的桃井源、上坊、岙后一带；董日钟、温云仔率西源游击队在常山、开化、遂安边境的芙蓉、芳村、舜山一带活动；程元海率游击队一部活动于衢县的双桥、花桥井一带；朱学鑫率游击队一部活动于衢县的畏坑、寿昌的西北坑一带及遂安的红山岙一带；周金土率游击队的一部活动于遂安的八都、官田、凤凰庙一带。

9月，赵礼生、邱老金率浙皖独立营，在严忠良、董日钟所率的西源区游击队配合下，日夜兼程，连夜袭击了衢县上方镇的国民党保安队据点，捣毁了国民党上方公安分局。当局击毙了一保警察，活捉了上方豪绅方石根，缴获了一批枪支弹药。同月，赵礼生、邱老金率浙皖独立营精干队从张湾翻山到大坂湾打土豪，把没收土豪的稻谷1500余千克，分给了当地的贫苦农民。

董日钟带领西源区游击队，经常深入到贫苦农民家中和各乡纸槽，团结他们打土豪，分田地。在浙皖独立营的配合下，端掉了常山芙蓉镇的大恶霸王长胖的老窝，缴获了王家的枪支弹药，并开仓济贫，把粮食和财物分发给当地百姓。

至10月，游击根据地区域包括浙江省开化、衢县、常山、遂安、寿昌等五县，安徽省的休宁、婺源（现属江西），江西省的德兴各一部。红军游击队也发展到6支共1300余人枪。在千里岗广大区域里，打击了国民党和地主豪绅势力，摧毁国民党区、乡、镇政权，使浙皖游击根据地发展到鼎兴的阶段，成为南方八省14块游击根据地之一的皖浙赣游击根据地的重要组成部分。

1936年11月，蒋介石调集国民党军队6个正规师和闽浙皖赣四省保安团和地方武装，共十万兵力，对闽浙皖赣边区进行重兵“围剿”。衢（县）、常（山）、开（化）、寿（昌）、遂（安）、淳（安）六县定为“清剿”特区。形势更为严峻和险恶。中共浙皖特委面临重兵压境，敌强我弱的形势，领导千里岗游击区党组织和游击队，开展了极其艰苦的反“清剿”。浙皖红军独立营和各县游击队浴血奋战至1937年7月，终因敌我力量的悬殊，赵礼生、邱老金等被俘牺牲，浙皖游击根据地丧失殆尽。许多共产党员和革命群众献出了宝贵的生命。当年福岭山村只有29户人家，参加革命的就有29人，其中，11人被杀害。仅礼型乡（现何田乡）被关押在杭州陆军监狱和杭州反省院的有12人。据不完全统计，在土地革命战争时期，开化有姓名的360多人牺牲，还有许多为革命牺牲的无名英雄。浙西开化，乃至千里岗游击区的共产党员、红军指战员和人民群众，在这场腥风血雨的反“清剿”斗争中，前仆后继、坚贞不屈的英勇牺牲精神，抒写了可歌可泣的历史一页。

伍

生态之路的传承与创新

开化确实是个好地方。成为一个好地方不容易，不仅经济要发展，社会和文化要繁荣，生态环境更加重要。开化人民特别友好、淳朴，还特别崇尚尊重自然。在我看来，开化这种道法自然的文化是很宝贵的。

——世界自然保护联盟（IUCN）理事会主席章新胜

揭秘生态开化历史渊源，生态古碑

——文/宋春晓

先秦《尔雅》云："春猎为搜，夏猎为苗，秋猎为狝，冬猎为狩。"说的是一年四季，春生与秋实的自然规律。人类在向大自然索取物资时，应当遵循这种自然法则，索取有度，保持大自然的平衡。这大概是古人最早的生态观，通常也被列入仁君治国的良策条款之一。

古人的环保观，无非源于两种意志——对神灵、自然的敬畏和对家园、故土的守护，表达的是古人对生命的态度。他们通过信仰和法则的约束，保持了人与自然之间的平衡，寻找到人与自然的相处模式。

在开化，如今依然可以见到许多刻着"封山""禁渔""禁采矿"等字样的古碑分散在各个村落。迄今被发现的6块生态古碑，有些被黄土掩埋，有的字迹已被风沙抚平，但循着寥寥残迹，依然能感受到当年开化先人为保护这片土地做出的努力。

"荫木禁碑"：育山林

在长虹乡星河村莘田自然村榨油厂的东墙上，有一堵黄泥墙，石头和青砖为地基，黄泥为墙面，颇有年头。墙体上嵌着一块石碑，如小小的一扇门，门内兴许是另一个时空，藏着古碑的故事。

用手轻轻擦拭古碑上的尘土，见碑额横刻"荫木禁碑"四个大字。碑文字迹工整，仔细识别，尚能看清碑文的大体内容，主要记载了当时族人立碑的缘由以及严禁盗砍山林等约定。落款为清乾隆四十一年岁次丙申二月。

"开化县是林业大县，森林资源十分丰富，历代政府和民间为保护森林都采取了许多有效的措施，其中，立碑禁山护林是其中最常见的一类。在华埠镇青联村，也有一块禁山碑。这两块石碑都保存完好，已于2002年8月1日公布为县第一批文物保护点。"开化文物管理所所长陆苏军告诉我们。

青联村的禁山碑为清朝嘉庆二十三年（公元1878年）所立。禁碑内容简

荫木禁碑

禁采矿碑

放生河碑

明扼要："立禁约三十都青山庄（即今青联村），缘本村南山聚族杂木遮护水口，近年以来屡次偷砍。为此，会同众等商议，重申严禁。不许大小登山砍柴、割草挖根。自禁之后，丫枝毛草不许拔剃，永远保留。如有犯者，公议罚款一千文，存众公用，倘不遵罚，禀官判处，决不徇私。为此勒石示禁。"

碑文内容虽然简洁，却传递了很多信息。过去，村子里有护水口，有乱砍滥伐现象，遂立此约。碑文中还提到，"重申严禁"，可见，这里有禁止乱砍滥伐的传统。违背规定者，会受到严厉的惩罚，且可以报官，由官府介入。

"禁采矿碑"：护山体

自古以来，开化石煤资源丰富，在"靠山吃山"的老传统里，石煤矿曾遍布开化。1998 年，开化提出"生态立县"的发展战略，石煤等矿山逐渐被关闭，至今开化已经全面关闭矿山。

在马金镇富川村，有块立于明嘉靖四十五年五月一日（公元1566年）的"禁采矿碑"，记载："钦差总督军门示：访得流劫婺源等处强贼，俱系各矿场哨，聚奸徒贻害三省非一日矣，已经题奉钦依调兵剿灭，将各山矿场严加封禁外，今后有违禁潜入挖掘者，许经过及地方保甲人等拿解，如人众，即报官发兵追剿，若容隐接济者，地方保甲人等照军法一体重究不恕，故示。”原来，为避免污染水源，破坏山体，当地村民采矿较少，但外地来偷矿的人非常多。

乾隆年间编的《开化县志》上有此记载，有位钦差当时为了保护当地村民的利益，驱逐外来破坏矿山的歹徒，立下了告示，并立碑于矿山前。县志还记载，周边几个乡有四个矿山当时也被一并禁采。

“放生河碑”：保河流

在开化乡村逗留几日，便会发现村落里溪水清澈见底，不知名的鱼虾在水里游荡。村民告诉我们，如今，在开化实行全县禁渔，才有了眼前此景。其实，禁渔在开化一带，也有传统。

在马金镇岩潭村和忻岸村，就有两块放生河碑。

岩潭村的放生河碑立于清朝光绪十一年间（公元1885年），碑文写道：“九都岩潭庄民余可泰……等禀称庄内溪河，上自碓坝起下至碓坝止，于咸丰年间，合庄公同议禁，毋许捕捉鱼鳞。迄今人心不古，近年来，或本村或邻村三五成群，非网即钗，常在该河内捉害，伊等目击不忍，请遵照前禁界址之叩示禁等到县。据此，除批示外，合行示严禁。”“此示仰该都附近居民人等知悉：所有岩潭庄，上自碓坝起下自碓坝止一带河内鱼鳞，既经公议，永远禁捕，尔等务各遵照，公禁界址毋得仍前往捕，自示之后，其各凛遵，毋违，特示。”碑文上还加盖有县衙大印的石刻。

关于岩潭村的古碑，流传着一个故事。岩潭村是个一面靠山、三面环水的小村庄，村中有余、朱、舒、汪四大姓氏的族人，民风淳朴。村民在马金溪的村头和村尾位置分别筑起两个碓坝，相距0.5千米水路，坝下潭深十多米。村民出山靠两座跨溪而过的木桥，他们一直视潭里鱼为“神”，觉得保护它们，就保住了全村的安宁。在咸丰年间，村民下决心自行禁止在村前坝间河里捕鱼。可是好景不长，上游有个村的村民经常在夜间用网、用鱼叉来偷捕，为此双方经常出现打架、斗殴。到了光绪年间，岩潭村人动用了土枪、刀棍和外村的偷捕者交手，差点出了人命。不得已岩潭村人把偷鱼者告到县衙，并请示县衙审批全面禁渔，此举得到了县官的肯定，不仅严惩了偷捕者，还专门批示下一则禁捕的告示。打赢了官司的岩潭村人非常高兴，专门筹资把县官的告示立碑置于村口。从此，不管是村里人

藏在深山中的古村落

或是外村人，只要发现谁在那里捕鱼，轻则罚款，重则杖打。

据光绪年间的县志记载，当时开化各地禁潭的风俗十分盛行，立碑公禁的就有 20 多个河潭。但后来，禁潭的风俗又相继遭到破坏。尤其是“文化大革命”期间，各地捕鱼成风，开化的鱼类资源一度锐减，“放生河碑”逐步被人遗弃和淡忘。好在近几十年来，开化的村民们意识到生态资源保护的好处，各地禁渔之风又兴，所以“放生河碑”又被岩潭村村民重新树了起来。

物换星移，经过几百年的历史，古碑会残缺，字迹会被抚平。不变的，是开化人世世代代传承的对大自然的热爱之心，对人与自然平衡关系的维护。也因为如此，才有今日九山半水半分田的绿色开化。

好山好水，守望相依
——从『杀猪封山』说起

文／宋春晓

车子驶入苏庄镇，眼前是大片大片的良田，刚过农忙，田埂上农人寥寥，但见远处一人在割完稻谷的稻田里捣鼓着晒垫，翻晒稻谷。

小镇被苍翠的群山环绕，阳光下，蔚蓝的天空与清澈的溪水相辉映。若将来往的车辆换成车马，将砖瓦高楼换作木屋泥墙，围上篱笆，该有当年孟浩然“绿树村边合，青山郭外斜”的诗意。

好的生态，好的环境，源于好的保护。而这片好山好水，终究源于当地村民的细心呵护。

“杀猪封山”，守护好山好水

在开化，很多地方有“杀猪封山”“杀猪禁渔”的传统。当地人告诉我们，“杀猪封山”是这一带传统的村规民约。村民约定在每年的某一天（春节、中秋等），由集体出钱，买几头猪，杀了猪，肉给村民们平分着吃（每户一斤左右），吃了这口肉，就必须遵守保护山林的规定。倘若有村民不遵守约定，上山伐木或者在山林用火引发火灾，就由违反约定的村民出全村买猪肉的钱。“吃肉在先，罚款在后”，这就是杀猪封山。

“杀猪封山”是苏庄镇很多村庄村规民约的重要内容。办法虽然比较原始，但是效果很好。有了这个约束和惩罚，去违反的人就很少。在 2005 年的时候，横中村首先恢复了“杀猪封山”的村规。之所以说恢复，是因为这项规定不是当时新提出来的，在这个地方有历史传统，一代代传承下来，几乎每家每户都知道有这么一个风俗。只不过中间有很多年没有执行，所以刚开始的时候推广起来还是有些困难。到了最近几年，国家、政府的宣传力度增加，村民的生态保护意识也提高得很快。现在保护山林已经成为大家的共识了。

近年来，开化的一些村庄将“杀猪封山”这一传统仪式发展为封山节。封

白鹭和耕牛是一对“好伙伴”。夏天，牛虻喜欢叮咬牛、吸牛血，在牛厩里，主人最多点燃蚊香驱赶牛虻，而白鹭却能吃掉牛身上的牛虻，让牛安逸地得到休息。和谐生态美景，就是由自然界完整生物链构成的。

山节的仪式通常由村长或族长主持。鸣炮、奏乐、宣读封山村约，简短的封山祭祀仪式结束后，由几十甚至近百人组成的巡游队伍，一路高呼“封山喽”，行至封山碑前，揭开红布，展示封山禁约，并在山路边种上树，仪式相当隆重。这天，村里无论男女老少，都会前来参加，以表明村民的封山决心，表达对山灵的敬重。

“杀猪禁渔”则是针对河道污染，杀鱼捕鱼现象泛滥提出的另一村规。村规民约中明确规定，对某一段河道实施护鱼，任何单位和个人不得采取任何方式到护鱼河道捕捞，不能进行采沙挖沙等破坏河道自然生态的行为，严禁任何人进行毒鱼、电鱼、炸鱼等违法行为。一些河段可适当垂钓。违者也要被罚杀猪钱，或者杀同样多的猪，分给村民吃。近年来，开化全域范围内实行河长制，每个村庄负责某一河段，村里组织禁渔队，保护河流中的鱼虾。2013 年，长虹乡库坑村还启动了西坑敬鱼文化节，调动村民对护鱼行为的积极性，提高村民的保护意识。从“禁渔”到“敬鱼”，他们把村规民约中的一种强制性规定变成人们精神上的尊敬与爱护，似乎也在传达村民对这里一草一木，万千生灵的热爱与尊敬。

西坑村敬鱼文化节

封山禁渔，有史可考

“封山”“禁渔”的传统在开化地区文献记载很少。然而，却并非无迹可寻。开化位于三省交界处，受浙、皖、赣三地的民风习俗影响较大。宋《乡俗拾遗》记载：“邑地土著乡民留俗，凡清明前几日，若风和日丽，男女老少皆寻青上山，手执青枝，或插于头上。男壮身穿蓑衣，头戴树帽，佯为‘树人’，欢乐歌舞，曰‘封山日’也。”这段文字记录了古徽州（徽州一府六县，即歙县、黟县、休宁、祁门、绩溪、婺源）地区清明踏青和“封山”的习俗。清明为早春时节，万物始发。女子手拿树枝，男子身穿蓑衣，头戴以树枝制成的帽子，欢歌跳舞，庆祝封山。可见，在当时，“封山”的习俗就已逐渐形成。后来“封山”习俗便一直沿袭，逐渐形成了一系列统一的仪式。通常，封山为村中大事，族中开祠门、杀猪、放炮、设酒宴，有条件的地方还要演戏，全村男女老少皆到，族长当众宣布护林公约。这里的“封山”，更多的是表达古人对神灵、大自然的敬畏。

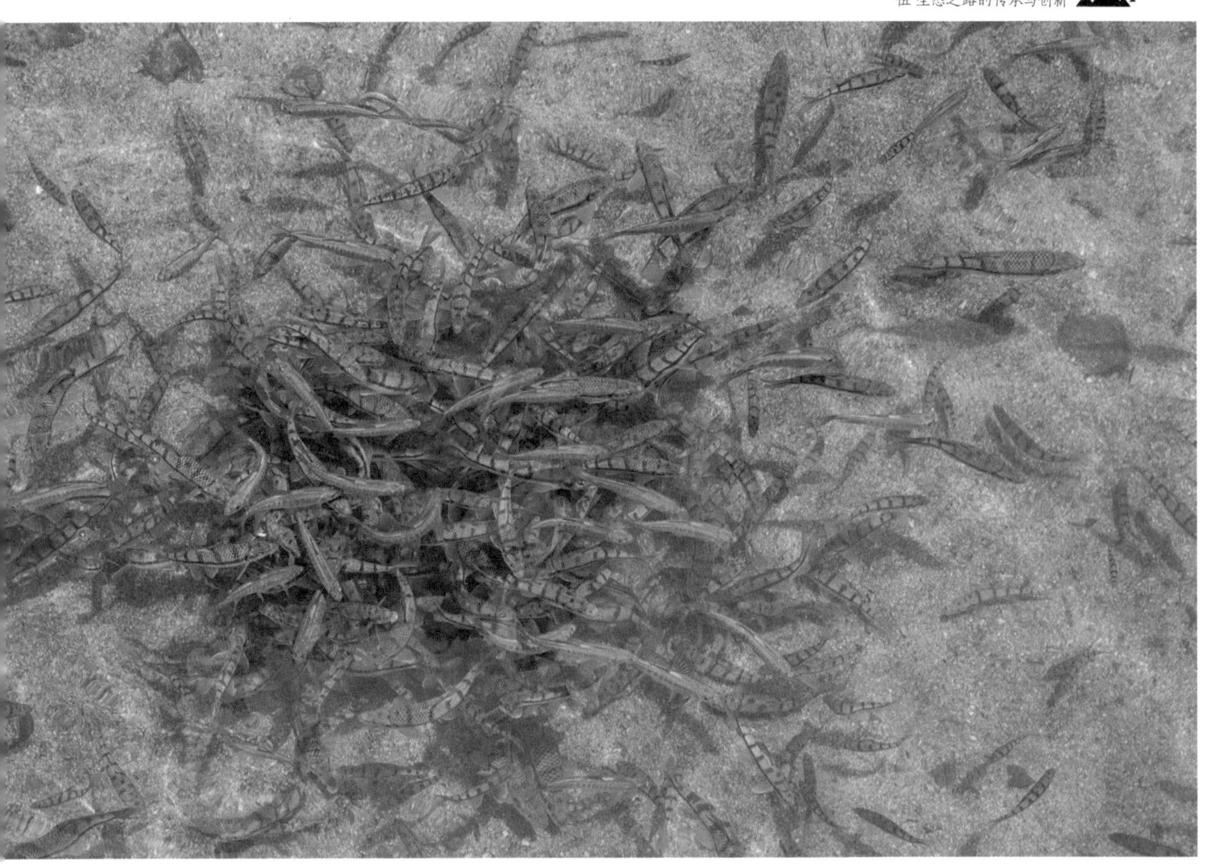

溪流中随处可见的野生石斑鱼

用如今的视角看，“杀猪禁渔”“杀猪封山”的村规民约不属于法律法规的范畴，也不具有法律效力。然而，无论在过去还是现今，它们在很大程度上守护了这片青山绿水。对村民而言，村规民约是他们意志和精神的集中体现，寄托了村民对守护家园的决心。谁去破坏它，就与全村人的意志背道而驰，会被指责。

无论是“杀猪封山”“杀猪禁渔”的历史传统，还是近年来开化人传承三十多年的春节“植树拜年”（春节过后的首个工作日，开化人会首先上山种树）的绿色风俗，都为打造绿色环保的开化增添了力量。

回头看这片绿水青山，一条马路穿梭在苍翠的田野间，隐没在山峦里，很像一些欧洲电影里的经典画面。守护这方净土，或许早就融入了开化人的血脉之中。守得这一方好山好水，大自然则报之以诗意灵动的土地，这是他们独一无二的家园。

大山的守护者

文／丁丹 朱寅

中国有句老话，叫："三百六十行，行行出状元。"每一个行业都有出类拔萃的人。钱江源国家公园的工作人员，常年守护着那一方青山绿水，他们是最平凡的一群人，却做着最不平凡的事，付出的艰辛远非人能想象。这一次探寻钱江源国家公园，我们决定去实地走访。

两代人的坚守

采访从钱江源国家公园生态资源保护中心开始。这里有"二陈"——陈声文和陈小南，他们是这里的两位专职科研管理人员。

"老陈"陈声文，园林专业出身，1989年到古田山工作，现任钱江源国家公园生态资源保护中心科研合作交流部的副主任，在这里就职已近30年。他说，能守在山里，除了干久了慢慢喜欢上这一行，实在没有其他理由可以解释。只要真正喜欢上一件事，做到这一点根本不是问题。

老陈腿脚不太好。1998年11月遭遇了一场车祸，导致右脚膝盖骨粉碎性骨折。本应在家多休养，但才过了半个多月，知道古田山要进入森林防火高危期，尚未完全康复的老陈就强撑着回到了山里。在古田山海拔650米的山上有一个防火瞭望台，老陈的任务就是守在那里，观察四周的火情。按照规定，负责看守瞭望台的人，除了雨雪天，其他时间是一刻也不能离开的。妻子关掉了经营得挺好的饮食店，到山上来照顾老陈。夫妻俩吃喝拉撒全在瞭望台里，整整待了六个多月，直到过了森林防火高危期。

因膝盖不能弯曲，更不能受力，医院配的拐杖使不上劲，老陈就自制了一根拐杖。说是拐杖，实际上只是一根树枝，头上一个杈，既可当把手，又可当钩子，用起来很方便。这根拐杖陪伴着老陈度过了那段最艰难的日子，也陪伴着他此后17年的巡山生活。从此，他也习惯了手上拿根拐杖，既可以减轻他那条病腿的压力，也可以驱赶虫蛇。

陈声文（左）和陈小南（右）一起巡山

老陈有个绝活：古田山内 90% 以上的植物，只要让他看一眼，就能够立刻分辨出该植物的科、属、种，“特别是那些名贵的植物，我都知道大概长在古田山的哪个位置。”有一次，一位某林业大学的教授带着几个学生来到古田山实地考察研究。有学生问教授路边的一种植物属什么科，教授看了又看，不敢随便下结论，问站在一边的老陈。老陈随口就说，这是冬青科。师生们同竖大拇指。

2004 年，中国科学院植物研究所要在古田山建一块 24 公顷亚热带常绿阔叶林生态样地，开展课题研究，老陈全程参与。8 个月的时间里，他早出晚归，对海拔 446~715 米的植物数据进行统计，给 159 种 14.6 万株植物进行挂牌、定位、确定种类，保质保量按时完成了样地建设。“这么多年，大大小小的样地不知道做了多少，这也让我更深更细地了解了这里的植物，是一件很有趣的事。”

多年的积累，让老陈有了丰富的第一手材料和管理的一线经验，先后单独或合作完成了多篇专业论文的撰写，与人合著的《珍稀濒危树种繁育技术》获国家科技进步二等奖。这些科研成果既是对古田山管理经验的提炼，也丰富了古田山的生物本底资料。

“小陈”名叫陈小南，85 后年轻人，老家安徽。他是浙江师范大学的化学与生命科学学院生态学专业的硕士研究生，2014 毕业后就来到古田山，他的日常工作就是照看好钱江源国家公园的 269 台红外相机：安装相机、更换电池、读取照片、分析照片都是他的分内事。最兴奋的事情莫过于每次上山取红外相机的储存卡。“因为储存卡里会出现像黑麂、白颈长尾雉、黑熊、凤头鹰等全球珍稀濒危野生动物的身影。”红外相机拍摄的画面非常多，动物出来闲逛觅食的画面；为了争抢食物，两只白鹇张开翅膀、昂起脖子啄架的画面；许多大型动物交配的画面，也有动物上下级食物链之间的残杀等。这简直跟电视里放的“动物世界”一模一样。

小陈一边向我们展示那些视频和照片，一边滔滔不绝地聊起发生在这片原始森林里的那些秘密，“动物有交配、孵化行为，说明会自然繁殖，也说明这里的动物世界很平静、安全。”他告诉我们，自 2009 年安置红外相机以来，拍摄的照片和视频数量非常大，到现在红外相机累计有效工作时长 110000 个工作日。这些数据记录了古田山动物最原始和最野性的生活状态，也记录了境内野生动物的栖息地逐渐扩展，种群数量稳定并逐年增加。

老陈和小陈名义上两人是上下级关系，但实际上，他们更像一对有着共同梦想而选择坚守的哥俩。四年里，他们一起探讨工作、研究科研项目、巡山护林。“其实，选择坚守在古田山，一方面是家里的支持和自己的热爱，另一方面是师父乐观和默默坚守的态度给了我影响”，小陈说。如今小陈

村民抱着受伤的小鹿来求助

被悉心照料的小鹿

方文斌（右）协助森林公安巡逻

已在开化娶妻生子，颇有扎根古田山、接老陈班的架势。

随着“二陈”多年的辛勤工作，老百姓的保护意识也随之增强。有一年冬天，一村民回家时发现了一只受伤的小鹿幼崽，马上抱给老陈来医治。经过老陈的细心照料后，小鹿伤愈，被放归山林。

在采访“二陈”的过程中，我的大脑总是处于一种超负荷运转的状态，各种专业名词层出不穷，专业、敬业的精神在他们身上表现得淋漓尽致。还有那一股犹如这片原始森林一样原始、纯朴而清新的精神气息，深深地感染了我们，让我们肃然起敬。

“最美”护林人——方文斌

一见到方文斌，从面相上我就能看出这是个性情憨厚老实的汉子。衢州市优秀共产党员，最美衢州人，全国绿化奖章获得者……工作多年，他获得

矗立在古田山的防火瞭望台，这里一年中除了雨雪天气，工作人员24小时在此站岗放哨。

的奖状大大小小二三十本。问及这些荣誉，方文斌颇是腼腆，似乎有些不好意思。在他看来，自己只是做好了本职工作而已。

方文斌出身“林业世家”，5岁时随父母从义乌来到开化县林场，从此他就成了林场的一位小职工。读初中起，父母就带着方文斌上山。大人巡山时，懂事的方文斌就在一旁捡拾猪草。一把柴刀，一捆绳索，便是一家人野外工作的必要装备。对森林的热爱从此扎根方文斌的心底。

父母工作的频繁调动，导致方文斌十八岁才初中毕业。当年，适逢县林场招工，方文斌子承父业，成了和父母一样的林场工人。1998年开化确立“生态立县”的发展战略后，全县大范围封山育林，很多林场职工的工作从伐木变成了守林护林。1999年，钱江源国家森林公园成立。2005年1月1日，方文斌调入森林公园，担任森林公园核心区域——莲花塘的负责人。

刚到森林公园工作的时候，条件简陋，一根横杆、一道手拉铁门便是办公场所。天热时，也只能在大树下躲荫，下雨天便在大树下避雨。

森林公园离县城60多千米，夫妻俩平时住在离入口处不到1千米的地方，那里有单位为他们搭建的一幢两层水泥房，当作员工宿舍。直到休息日，他们才能回县城伺候年迈的父母。好在方文斌爱这里的青山绿水，空气清新，倒也自得其乐；父母亲是老林业，对儿子的工作也是百分百理解、支持。

森林公园面积 5 万多亩，工作人员却只有 20 多人。这是一个团结友爱的大家庭，每个人都是身兼多职：男人体力强，分担了巡逻护林、设施维护等户外工作，比如，方文斌的巡护管辖面积就有 1 万多亩，防火带 25 千米，包括莲花尖、莲花塘、三省界碑等核心区域；女人们负责服务访客、后勤保障，方文斌的妻子便是森林公园的售票员；卫生则是大伙儿一起干。2017 年开化“6·24”洪灾，莲花塘附近遭到了不小的破坏，进出景区的道路被冲毁，外界救援进不来，方文斌和同事们硬是花了一个多星期，把莲花塘清理得干干净净。

护林员最重要的一块工作，就是森林防火。每年 10 月前，方文斌有一项非常重要的任务，就是要组织民工上山，把山上的防火带全部检查清理一遍。去除杂草，砍掉多余树枝，保证近 10 米的防火带安全。别小看这 10 米，它的存在能保证身后的 10000 米的安全。

最让方文斌感动的是很多访客自觉地配合他的工作。森林公园严禁野外明火，访客的打火机在入口处就要交出寄存。2016 年 G20 杭州峰会期间，大量杭州访客涌入钱江源，有一个客人，主动交出了价值两千元的 Zippo 打火机。

从住处到莲花塘这一段路，每天都要巡逻一次；每星期去三省界碑一到两次左右，巡逻一趟七八千米。日复一日，年复一年，这就是方文斌的生活。他和护林队员们确保了森林公园成立至今没有发生过一起火灾。

山中不知岁月长。从 38 岁到 51 岁，方文斌巡山 6000 多次，行程约 25000 千米，接待访客约 40 万人次。13 年的时间，说长不长，说短不短，染绿钱江源的万亩山头，霜白方文斌的头发。一个男人把最好的岁月奉献给了钱江源。

采访回去的路上，我浮想联翩。岁月匆匆，留不住的是光阴，留住的却是钱江源国家公园众多基层工作者扎根沃土的一片赤诚和热血之心。什么样的工作才叫有意义？我想不管是从科研人员“二陈”，还是最美护林员方文斌身上，我都已经得到了答案：一个你喜爱的，并乐意为之奋斗的工作，才是生命追求的意义。

护一江清水，守天空之镜
我是河长

——文／宋春晓

“巡河并不是简单地沿河散步，而是要行动起来。”

手拿巡河日记本，边走边看，不时拿出手机拍照记录，华埠镇下茨村党支部书记、马金溪下茨段的村级河长段志军已经非常习惯这样的工作状态。“发现问题后，我们可以通过‘河长手机’上传图片，随后马上进行处理。”

——央视《新闻联播》之《点赞中国》

山清水秀是印象江南的一大特征。有青山苍翠，春来杜鹃漫山野；有溪流清澈见底，水暖万物生。如今，随着经济的发展，特别是工业化的全面推进，水资源遭污染的问题日益严重。“渔樵于江诸之上，侣鱼虾而友麋鹿”的日子却是很难实现了。

然而，开化却有着谜一般的“天空之镜”。清澈的溪水映射着湛蓝的天空，水中鱼虾成群，树影斑驳。此时，树叶的倒影摇曳斑驳，水中又有石斑鱼悠游而过，蓝天白云在水面铺展开来，水天一色，再难分辨真假。

如此好的水质，离不开全体开化人的努力，更离不开一个特殊群体——开化河长。

2014年开始，开化县全面实施“河长制”——在相应的水域立河长，由河长对其责任水域进行治理、保护与监督、协调，并提供建设性建议。开化的河长均由当地干部兼任，主要针对开化的江河、湖泊、水库以及水渠、水塘等水体，目的在于保护好开化的水资源，保证一江清水入钱塘。按照“一河一长”“条块结合”“属地管理”原则，设立了县、乡（镇）、村三级河长，层层包干，并针对环保志愿者、中小学生、妇女和青年团体，创建了十余支民间河长队伍，实现了全县大小河流全覆盖。形成县级河长半月一督查、乡镇河长一周一检查、村级河长一天一巡查的河长巡查机制，实现“有水的地方就有人管，有污染的地方就有人治”。

河长的主要工作就是巡河。华埠镇下茨村党支部书记段志军是马金溪下茨段的村级河长，每天，他都会沿着长约1.3千米的河道巡查至少一次。“巡河并不是简单地沿河散步，而是要行动起来。”手拿巡河日记本，边走边看，不时拿出手机拍照记录，段志军已经非常习惯这样的工作状态。“发现问题后，我们可以通过‘河长手机’上传图片，随后马上进行处理。”央视《新闻联播》《点赞中国》版块记录了这样的画面，点赞开化的“河长制”。“河长手机”里安装的是省河长信息管理系统APP，像巡河日志、问题交办、考核督查等，都可以在APP上操作。

开化青蛳。与螺蛳不同，青蛳对生长水域的水质要求极高，只能在一类水和二类水中存活，且水质越好，个头越大、颜色越黑、肠子越绿，吃起来味道越好。这道曾经上过《舌尖上的中国》的菜是开化的特产，也是开化人的骄傲。

2017 年 10 月，开化县河长制管理信息系统投入试运行，对县域内所有河流的水文信息和高清地图实现全覆盖。通过该系统，可以全方位对县、乡、村三级河长是否开展巡河，对发现问题有无及时处理等情况进行监督，也可以对县域内各条河流交接断面水质、企业污染排放情况开展实时监测。

保护水资源，依靠司法体系，更需要坚实的群众基础。在开化，还有一大批“民间河长”，人们亲切地称他们“红马甲”。开化各界的爱心人士、环保人士，聚集在一起，共同守护开化的一江清水。这些“民间河长”每周至少组织开展两次巡河活动，带领民间护河队的志愿者清理沿河垃圾，并不定期宣导保护环境和水资源。

叶发门是开化护河队的组建者，也是“民间河长”。他说：“作为开化人，理所当然要守护家乡的绿水青山。”从最开始村民的不理解到得到村民的认可，甚至与犯罪分子斗智斗勇（抓捕非法电鱼），他们将对家乡的一片深情，化作每一次巡河的力量。

水愈清，情更深。开化河长制的成功实施，正是源于开化人对家乡的深厚感情和强烈的环保意识。保护水资源，对于位于钱塘江源头的开化而言显得尤其重要。

开化终究不负所望，守住了青山绿水，守住了钱江源的一江清水。

一村居两省，自然与人文相通

文/朱寅

为了探究野生动物的生存奥秘，古田山全域安装有红外相机。

科学家在研究照片、视频的过程中，发现了一个十分有趣的现象：国家一级重点保护野生动物黑麂，在古田山的活动范围集中在北部，但每年总有近两个月的时间，红外相机很少能拍摄到它们的身影。过了这个时间，它们就会再度出现。那么这两个月黑麂去哪儿了？

科学家推测，黑麂很有可能是跨省进入江西，因为邻县婺源也有一片林子，与古田山相连。

虽然钱江源国家公园的西北部以浙江省开化县与安徽、江西的省界为界线，但从地理的角度上看，钱江源与毗邻的安徽省休宁县、江西省婺源县、德兴市部分区域同属白际山脉，地域上相连，同属一个生态系统，即低海拔中亚热带常绿阔叶林。所以，黑麂跨省“串门儿”，就不是什么稀奇事了。

喜欢“串门儿”的，不仅只是黑麂，还有人。

连接浙江开化和江西婺源的大鳙岭，山脚有一个村子，横跨两省，村民们共饮一河水、“两省一家亲”。

走在这个村里，你能发现两种不同的门牌，一为“长虹乡霞川村河滩自然村”，一为“江湾镇东头村河滩自然村”。前者属浙江省，后者属江西省，两省共用一个村名，和谐相处。

约 3 千米长的河滩溪穿村而过。小溪将村庄分成两半：左为浙江开化、右为江西婺源，村里的几座小桥连接了两省。

据说中华人民共和国刚成立的时候登记户口，浙江、江西的户口就随自己报，这也就出现了很多家庭兄弟几个户口在不同省份，家门口挂着不同的

门牌，甚至村里原来有一个公共厕所，一半是江西的，一半是浙江的。村子里很多夫妻都是江西人和浙江人结婚，娘家和婆家只隔了 20 米远。房前屋后的距离，就嫁了另一个省份。由于东头村是婺源县在大鳙岭以东唯一一个行政村，迟迟未通公路，交通不便，直到现在手机信号、电视信号以及用电都来自于开化。

两地村民就这么交错居住，相互“缠绕”，同说一种口音，饮食习惯也几乎无异，互敬、互爱、互助，亲如一家，不分你我。

我们沿着小溪在村中行走，河水干净整洁、鱼儿成群，村庄里也见不到生活垃圾。然而 10 年前，这里垃圾成堆、脏乱不堪，直到后来开化霞川与婺源东头两个村开始合作禁渔护河，协同管理，环境才有了好转。

如今，河滩溪里石斑鱼成群，两岸风景优美，人鱼和谐的画面吸引了四面八方的访客，来赏鱼的人络绎不绝。开化霞川村接连开出了 10 余家农家乐，生意十分红火。婺源东头村村民也琢磨着学开化人办农家乐，从乡村休闲旅游中“捞金”赚钱。两村村民同护一条河、同养一条鱼、共巡一座山、共治一个村，不分你我、协力共管，共同建设钱江源国家公园。

随感

钱江源国家公园及其周边地区是一个生态共同体，需要共同保护、共同治理、共同建设。如何探索出一条解决之道，处理好跨地区、跨部门的体制性问题，对山、水、林、田、湖、草进行统一规划、统一保护、统一修复。这不仅能推动国家公园整体保护、促进『碎片化』保护地融合，更将对我国生态文明建设产生深远影响。

链接：

从开化路人救助穿山甲看一座城市背后的善意

——《浙江日报》记者 钱关键

前几天，开化一则救助野生动物的故事引起了我的兴趣，采访中的一个小插曲，更增强了我的好奇。

事情是这样的，7 月 25 日晚，开化县公安局某派出所协警严先生骑着警用电动自行车在辖区内巡逻。在回程中，他发现马路中央蜷缩着一只穿山甲。于是，他停下车，站在马路边当起“路标”，以防穿山甲受伤害，并呼来同事帮忙。最终，在民警、开化县野生动植物保护协会共同努力下，这只穿山甲被放归山林。

穿山甲是国家一级重点保护野生动物，是世界上仅存的鳞甲哺乳动物，十分珍贵，这也是开化县野生动植物保护协会近 2 年来参与救助的第二只穿山甲。

在采访中，该协会负责人叶发门叮嘱我们，“你们在发稿时，千万不要写这只穿山甲是在哪里发现的，又在哪里放归山林的，要不然就暴露了穿山甲的位置，可能会引发一些不怀好意者的追踪、捕猎。”这种下意识的保护意识，引发了我的好奇。

这样的案例不胜枚举。

“村里今年种植的 100 多亩水稻，不打农药，就是为了保护昆虫、鸟儿。”前几天，开化县长虹乡桃源村党支部书记范家兴在介绍村里的生态保护工作时，这样说。

“我们的城市建设，不仅水绿岸美，还要在一些江面设计浅滩，给鸟儿留出栖息地，让它们在水面上有落脚处。”在开化政府部门采访，我多次听到这样的建议、声音。

开化自古就有“杀猪禁渔”的风俗传统，保护生态环境就是保障人类自己的生存，这种意识可谓深入人心。今年，开化提出要建设现代化社会主义国家公园城市，它不仅考虑城市发展，更提出要以国家公园生态引领全县域，把国家公园高水平的生态保护延伸到全县域。这也从制度上提升了对动植物生存、栖息环境的保护，让人与自然和谐相处。为鼓励群众积极参与野生动物保护工作，近年来，当地出台了诸如《野生动物保护举报救助奖励暂行办法》等多项救助措施。

我想，不管是城市还是农村，一个城市要面向未来，不仅城市功能要建设得越来越完善，而且还要给动植物繁衍栖息留足生存空间，这也是一种巨大的善意。不管是民间还是官方，要形成这种善意和生态保护意识，不仅需要专业知识，更需要一天天积累、培养对自然的关心关爱。

开化人对生态的保护，对动植物生存空间的“关心关爱”，有目共睹，也带来了巨大的回报：2020 年综合科学考察结果显示，位于开化县境内的钱江源国家公园内有苔藓植物 392 种、蕨类植物 175 种、种子植物 1677 种、大型菌物 449 种、昆虫 2013 种、鸟类 264 种、兽类 44 种、两栖类动物 26 种、爬行类动物 38 种、鱼类 42 种。其中，省级及省级以上的野生珍稀濒危植物 84 种；国家一级重点保护野生动物 3 种，为黑鹿、白颈长尾雉、中国穿山甲，国家二级重点保护野生动物 40 种。境内动植物资源的丰富程度，国内罕见，也是我国生物多样性保护的一块“宝地”。

“在野生动物保护工作中，最直观、最感人也最容易大家引起共鸣的，无疑是‘救助个体’，看到一只伤愈的小鹰重返蓝天，是一件值得欣慰和骄傲的事。”采访中，钱江源国家公园何田执法所一名相关负责人表示。

望得见青山，听得见鸟语。这既有大自然的馈赠，也有当地老百姓保护的功劳。让我们珍爱自然，与花儿、鸟儿们和谐相处。

这一次救助穿山甲事件，只是开化众多救助野生动物案例中的一个小例子，但是相比个案的救助，在采访中，我感受到的、融入了开化人血液中的“爱护自然、敬畏自然”之精神，则更令人钦佩。

一张蓝图绘到底

—文/朱寅

著名作家、江南杂志社执行副主编谢鲁渤先生这样形容开化：开化的一半是绿的，山是青的，水是绿的，宛然“江南绿都”；开化的一半是红的，左溪、杨林、桃花坞、瓦里坑、南华山、菜刀岗，都曾是革命先烈战斗的地方，犹如叶剑英元帅的诗“血染东南半壁红”。如同开化的绿一样，开化的红也是渗透到骨子里去的，应该是这片土地的血性。

筚路蓝缕：廿余年生态立县创业史

谢鲁渤先生也许不知道，如果当年开化走上了另外一条发展之路，他就再也看不到这“红绿参半”的美景了。

开化县有山地面积 285 万亩，占县域版图的 85%，可以称得上“九山半水半分田”。开化地处浙江西大门，是连接浙西、皖南和赣东北的要冲，然而却远离东南沿海的任何一个港口。地理位置和地形要素决定了开化的“画风”：杭嘉湖平原这样的江南鱼米之乡是不可能了；发展工业也没有沿海城镇那么方便。盘算一番，既然多山，就靠山吃山，多砍点树吧。

中华人民共和国成立后很长一段时间，开化县以砍树卖钱作为主要的收入来源，二十世纪七八十年代，开化的经济在整个金华地区名列前茅（彼时衢州市尚未成立，开化隶属金华地区）。然而，砍树容易养树难。省里决策，开化还是要把浙江“大水缸”护好。1997 年，开化开始建设全国生态示范区；1997 年，开化提出“生态立县”的发展战略；2007 年，开化建成省级生态县；2010 年，开化建成国家生态县。省、市政府对开化实行个性化绿色考核评价机制，实行个性化绿色发展考核体系和财政奖补政策。开化是钱塘江的源头，开化人在保人吃饭还是保全流域人“喝水”间选择了后者。

就这样，世纪之交的开化，经历了刻骨铭心的转型之痛。齐溪镇里秧田村老支书张长班记忆犹新：1999 年的时候，村民还能上山砍树，人均收入达

杭新景高速和黄衢南高速在开化互通，使之成为连接浙、皖、赣旅游金三角与长三角的交通枢纽，为开化县旅游业的发展创造了有利条件。

5000 多元。封山育林后，村民的收入来源要么靠种养殖，要么就外出务工。

开化的“生态立县”绝不是一句空喊的口号：700 多家高能耗高污染企业关停，343 处石煤开采点关闭，18.4 亿经济损失，每年减少 3000 多万元税收，248 个项目因环保问题被“一票否决”；为避免水体富营养化污染，最靠近钱江源头的齐溪村，2000 个网箱养殖被拆除，这曾经是不少农民的财路，平均每户有 20 多万元的收入；全县 1/3 的人不得不外出寻找出路……

20 多年来，“生态立县”这条路走得颇为艰辛，但开化人的决心从没动摇，领导班子换了一茬又一茬，一任接着一任干。也许是那抹渗透进骨子里的红，在走“生态立县”的道路中，开化人充分展现了血性和决心。

2016 年，开化县踏上了建设钱江源国家公园的新征程；2018 年，开化成为“国家生态文明建设示范县”；2021 年，开化县再次吹响建设“社会主义现代化国家公园城市”的号角，开化的绿水青山到了丰收的时候！

开化县城。这里出境水常年保持一、二类水质标准，负氧离子浓度年均3714个/立方厘米，空气优良率达100%。

绿水青山就是金山银山

有的人认为开化很穷，经济总量敌不过浙南几个经济重镇；有的人觉得开化很富，喝的是全浙江最好的水，吃的是全浙江最无公害的食物，呼吸的是全浙江最新鲜的空气。

开化县委、县政府十分清楚，“生态立县”最后的落脚点还是百姓致富。在终止不可持续的发展模式后，要为农民致富另寻一条科学的出路。为此，开化确立了追求的目标：生态经济化、全域景区化、景区公园化。“要通过打造美丽环境，让美丽环境变成美丽产业，最后成为美丽经济。”

过去，开化发展经济靠的是种养殖、外出务工和来料加工，如今要在优化“老三样”的基础上，拓展农村电商、农家乐、乡村旅游等“新三样”，

除了传统的根宫佛国、钱江源、古田山外，让游客看到更多开化的美。于是，在结合地理位置、民俗风情、文化特色之后，开化各个村镇都有了适合自己的乡村旅游项目。

音坑乡下淤村，过去村民砍伐山林、滥挖河沙，村集体收入是负数，治水后村里依托马金溪打造的滨水休闲带光年租金就破百万，农家乐天天爆满；有着“江南布达拉宫”美称的长虹乡台回山，油菜花最为瑰丽壮观，每年开花季节农家乐翻桌都来不及，村民邱龙彪 3 万多元的月收入超过以前种地一年的收成；在姚家源村、石柱村等地，只要有水的地方，都能看到岸边的汽船、竹筏等游乐设施排列整齐，正等着迎接夏天的亲水游客潮。

开化有清水鱼、清蛳、山茶油、食用菌、手工豆腐、蜂蜜等天然食材，用好这些食材打造“信任农业”，带给游客最美好的舌尖享受；开化连续十多年获得平安县，让游客也感受到“夜不闭户、路不拾遗”的安全感。开化县政府还在积极提高开化人的文化素养、文明素质，引导大家说好普通话，接触信息技术。

在上游，政府积极引导农民搞起农家乐等旅游产业；在终端，开化又想尽办法大力宣传、搭建平台打开消费市场。好山好水给了开化人信心，也给转型升级提供了抓手。

近几年来，开化接待游客数量和旅游收入每年同比增长都在 20% 以上，农民人均收入也是翻倍增加，不少在外打工的农民陆续返乡创业。绿色产业正在开化尽情释放着活力，带动开化经济走向另一个新的广阔天地。

总书记为开化点赞

2016年2月23日，中央全面深化改革领导小组第二十一次会议在北京举行，中共中央总书记、国家主席、中央军委主席、中央全面深化改革领导小组组长习近平在听完开化县委主要领导的汇报后，深情地说：“开化是个好地方，我还是要回去看看的！”

早在 2003 年和 2006 年，时任浙江省委书记的习近平先后两次来到开化县。

2003 年 7 月，习近平第一次来到开化县考察。在观看了反映县情的专题片之后，习近平说，开化在全国率先实施了“生态立县”发展战略，并取得了明显成效。后在考察位于钱塘江源头的钱江源国家森林公园时，习近平指出，这里是浙江的重要生态屏障，在生态省建设中具有特殊的重要地位，必须保护好这一方山水。

2006 年 8 月 16 日，习近平再度深入开化，来到华埠镇金星村考察。他对开化优美的生态环境给予了高度评价，鼓励开化人民要画好山水画，要照着“绿水青山就是金山银山”的这条路走下去。

从 1997 年启动“生态立县”，到 2016 年踏上国家公园建设的新征程，再到 2021 年提出建设“社会主义现代化国家公园城市”，开化生态文明建设走过了一条曲折漫长而又坚定不移的探索道路。正如开化县委原书记项瑞良向习总书记汇报时说的那样：“绿水青山就是金山银山”这一科学论断为开化发展指明了方向。开化坚持“生态立县”不动摇，坚持“一张蓝图绘到底”，现在的开化甩掉了“欠发达”，实现了“绿富美”。

“总书记对开化的点赞包含着对‘绿水青山’的无限期待，守护好钱江源头仍然是我们的职责所在。”开化对未来充满信心！